TED
1小时科普
给孩子的世界启蒙书
One Hour of Science Popularization

小行星猎人

Asteroid
Hunters

［美］卡丽·纽金特 / 著
（Carrie Nugent）

迈克·莱曼斯基 / 插画
（Mike Lemanski）

常小丽 / 译

中信出版集团 | 北京

图书在版编目（CIP）数据

小行星猎人 /（美）卡丽·纽金特著；常小丽译
. -- 北京：中信出版社，2021.4
（TED1 小时科普：给孩子的世界启蒙书）
书名原文：Asteroid Hunters
ISBN 978-7-5217-2501-8

Ⅰ.①小… Ⅱ.①卡…②常… Ⅲ.①小行星—普及
读物 Ⅳ.① P185.7-49

中国版本图书馆 CIP 数据核字 (2020) 第 235826 号

本书仅限中国大陆地区发行销售

TED 1 小时科普：给孩子的世界启蒙书

小行星猎人

著　者：[美] 卡丽·纽金特
译　者：常小丽
插　画：迈克·莱曼斯基（Mike Lemanski）
出版发行：中信出版集团股份有限公司
　　　　　（北京市朝阳区惠新东街甲 4 号富盛大厦 2 座　邮编　100029）
承 印 者：北京诚信伟业印刷有限公司

开　本：787mm×1092mm　1/32　　总 印 张：30　　　总 字 数：459千字
版　次：2021 年 4 月第 1 版　　　印　次：2021 年 4 月第 1 次印刷
京权图字：01-2019-6901
书　号：ISBN 978-7-5217-2501-8
定　价：168.00 元（全 5 册）

献给未来的科学家，

未知等你们去探索

目 录

CONTENTS

第一章

什么是小行星？

来想象一下太阳系。我敢打赌，你脑子里浮现的一定是儿时课本上的图片：水星、金星、地球、火星、木星、土星、天王星、海王星。在图片中，这些宏伟的星球远离太阳，一字排开。

从这个角度看，我们的宇宙邻居有序而简单——简单到孩子就可以轻易将其画出。它似乎已被彻底探索——毕竟，宇宙飞船已经飞到过每个星球，每个星球都已经被测量和拍摄过。我们已经访问、探索过太阳系并绘制出了地图。就算还有未解之谜，也都在更远的地方，等待着我们的后世子孙去探索发现。

然而我要告诉你的是，事实并非如此。实际上，我们的太阳系仍是一片蛮荒之地，那里有行星和卫星，有数以百万计的冰块和岩石，它们各不相同，各具特色。这片蛮荒之地幅员辽阔，有数十亿公里宽，如此之大，以至我们刚刚弄清楚哪里是太阳系的终点，哪里是星际空间的起点。

但即使是在离地球很近的地方，在我们的宇宙后院里，也有未知等待着我们去探索发现。这里我要提到的就是小行星，那些在行星之间运行的神秘的小天体。

每个夜晚，科学家们都会在夜空中搜寻这些天体。每个夜晚，他们都会有所发现。这是一项悄无声息的工作，是数十年来数据的稳定积累，是一项需要团队协作才能完成的任务。我就是这些小行星猎人中的一员。这是一份很酷的工作，我很乐意和人们谈论它。

当我告诉人们我是研究小行星的太空科学家时，他们会认为我是一个超级聪明的数学奇才，就是那种读书时连续跳级，16 岁就上大学的人。其实尽管我数学很好，但学校的课程对我来说还是挺难的，我没有拿过全 A。但我愿意努力学习来满足我的好奇心，我想知道世间万物是如何运作的。孩子天生对世界充满好奇，有父母的鼓励，我倍感幸运。5 岁时，妈妈给了我一包石蕊试纸，这是一种化学试纸，沾上酸碱后会变色。我在家里跑来跑去，把所有能用来测试的东西都试了一遍，想要拼凑出彩虹般的颜色。因此，我很年轻的时候就知道科学能让人理解——甚至能更好地预测——宇宙的运行。上大学时，我就知道我会学习物理。

成为科学家是一段漫长的旅程，每走一步，都会有一些令人兴奋的发现，激励我继续前进。这段旅途并不平坦——开始学习物理学时，我并不知道自己最终会研究小行星。事实上，我都没有上过天文学课。但碰巧的是，我的物理学位让我可以在研究生院学习地球物理学，从而让我今天可以研究小行星。我喜欢研究小行星，因为它们相对简单，只是太空中的岩石。它们可以用物理学来理解，用优雅的方程式来描述。在很大程度上，它们是宁静的天体。

但对许多人而言，小行星就是毁灭的同义词，能让人的脑海中浮现出恐龙灭绝的画面，或者灾难电影中建筑物倒塌和汽车侧翻的场景。其实，体积巨大的小行星撞击地球的情况极其罕见。事实证明，我们现在可以做些事情来降低撞击的可能性，减少危害。

人们可以为小行星撞击地球做好准备，就像可以为抵御寒冬里的风暴做好准备一样，有人认为这样的想法不可思议。打个比方，小行星似乎体现了我们对宇宙缺乏控制力。文学、艺术和流行文化是上帝的杰作，而宇宙现象则突显了人类的无能为力。

但现实却完全不同。作为一个物种，我们有科学的理解力和技术能力，可以解决这个特殊的问题。这一切都得从绘制地球附近的小行星分布图开始谈起。

经过几代小行星猎人的辛勤工作，我们几乎已经发现所有较大、较危险的小行星。截至2011年底，我们发现在靠近地球的小行星中，超过90%的小行星直径大于1公里，也就是说，它们有大规模的破坏力。从那时起，对它们的搜寻工作就从未停止过，今天这个比例甚至更高。

搜寻工作至关重要。我们不仅要找到所有直径大于1公里的小行星，而且如果能找到体积稍微小一点，但仍然相当大的小行星，也是不错的。小行星猎人们目前正朝着第二个目标努力——在靠近地球的小行星中，找出其中90%的直径超过140米的星体。这些小行星体积巨大到足以摧毁一个中等面积国家，到目前为止，只有大约30%这样的星体被发现。

搜寻小行星，保护地球，是我们的责任。我们是地球上唯一能够理解微积分、建造望远镜的物种，可怜的恐龙没有这样的机会，但我们有。如果我们发现了一颗危险的小行星并提前预警，我们就可以把它推开。与地震、飓风或火山爆发不同，小行星撞击是一种可以精确预测的自然灾害，只要有足够的时间，就完全可以预防。

如你所见，搜寻小行星是一项复杂的任务，需要团队合作和耐心。小行星猎人得待在遥远的山上度过漫漫长夜，只有臭鼬和猫头鹰相伴。绕地球轨道运行的机器人望远镜非常勤奋，每 11 秒就可以对天空成像一次。这些数据随后被发送到国际小行星中心集中存档。之后的工作都在华盛顿特区一栋不起眼的大楼里进行，由 NASA（美国国家航空航天局）行星防御协调办公室负责管理。这是一个不同寻常的地方，它既保护地球在未来免受小行星的撞击，现实中又以美国政府内部的官僚主义方式运行着。

让我们倒回去一点，言归正传，小行星到底是什么？

小行星通常被认为是太阳系行星形成阶段的岩石和金属残留物，它们在太阳系中有几百万颗之多。最大的小行星直径有数百公里，而记录在案的最小的直径只有几米。应该还有更小的行星，但它们太小了，用今天的望远镜无法看到。用肉眼看的话，小行星是灰色或棕色的，有些是浅色的，有些是深色的，还有些看起来是黑色的。大多数小行星独自绕太阳旋转，但也有一些小行星拥有卫星，个别小行星还有两个卫星。目前还没有发现有三个卫星的小行星，但这并不意味着没有，可能有一天我们就会发现。

好多漂亮的小行星图片是由宇宙飞船或雷达成像拍摄的。小行星通常是块状的。就像罗夏墨迹测验（Rorschach test）一样，你觉得小行星像什么或对它的看法如何，往往能反映你的性格。美国人看什么都像"马铃薯"，所以，编号为 88705 的小行星被命名为"马铃薯"。中国"嫦娥二号"卫星拍摄到了一颗小行星,参与该任务的科学家就发表了一篇题为《编号 4179 生姜形状的小行星:图塔蒂斯》的论文。日本宇宙飞船"隼鸟"号(Hayabusa)拍摄了小行星 25143 糸川(Itokawa)的图像后,科学家把它的形状比作"海獭",还描述了它独特的"头"和"身体"。

小行星都位于哪里?

大多数小行星都位于火星和木星之间的"小行星带"(又称"主带"),从未接近过地球。它们一直围绕太阳旋转,在过去的数十亿年里没有发生太大的变化。从天文学的角度来看,它们很小,但从人类的角度来看,它们是相当大的。小行星带上最大的天体是灶神星(Vesta,又名维斯塔),直径达到 525 公里(326 英里),它的表面积和巴基斯坦的国土面积差不多。

虽然小行星带包含了数以百万计的小行

星，但它并不像你想象的那么拥挤。我将这种误解归咎于《星球大战 5：帝国反击战》中的一幕：汉·索洛驾驶"千年隼"号飞船驶入"小行星带"，以躲避银河帝国的追击，莱娅公主惊呼道："你不是真的要去小行星带吧？"汉·索洛回答道："他们跟着我们肯定是疯了，不是吗？"

电影里的主角在躲避小行星，小行星从四面八方飞来，而追赶他们的帝国坏蛋们则一个接一个地被小行星撞击消灭。C-3PO 机器人说："先生，成功穿越小行星带的可能性大约是 1/3720！"汉·索洛很得意地讲出了他的台词："永远不要告诉我可能性有多大。"

我很喜欢电影里的这一幕[1]。但其实安全驶出太阳系小行星带的概率要大得多[2]，差不多是

① 我一直认为小行星才是这部电影里真正的英雄。毕竟，是小行星消灭了坏人，"千年隼"号才得以顺利离开。
② 小行星科学家喜欢将《帝国反击战》中的小行星带与我们自己的小行星带进行比较。何塞·路易斯·加拉什（Jose Luis Galache）对《纽约时报》上刊登的同一主题进行了粗略的计算。

1∶1。从 1972 年发射的"先锋 10 号"到 2016 年到达木星的"朱诺号",NASA 已多次成功穿越小行星带。

尽管小行星带中有数百万颗小行星,但事实上,与浩瀚的太空相比,这里面的每颗小行星都非常小。 如果你把所有已知的小行星挤压在一起形成一个大球,这个大球仍然会比我们的月球小。小行星在太空中运行的区域非常大,你站在任何一颗小行星的表面,环顾四周,都能看到其他小行星微弱的光亮。

小行星带并不是太阳系里唯一可以找到小行星的地方。除小行星带以外,在木星附近,还有一类叫作特洛伊(trojans)的小行星,它们和木星共用轨道,一起绕太阳运行,它们的位置相对稳定,分别位于木星轨道的前方和后方一点。

还有一些小行星,是木星和土星的卫星,它们被这些巨大行星的引力捕获。除此之外,还有成千上万颗岩石和冰状物存在于海王星轨道之外

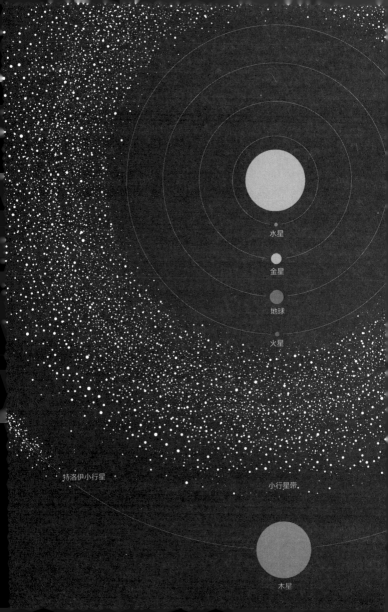

水星

金星

地球

火星

特洛伊小行星

小行星带

木星

的柯伊伯带（Kuiper Belt），还有更多的小行星存在于柯伊伯带之外的奥尔特云（Oort Cloud）。

还有彗星。彗星偶尔会以其壮观的尾巴照亮天空，所以彗星自诞生以来就一直为人类所知。从传统意义上讲，彗星和小行星被认为是不同类型的物体——小行星由岩石或金属构成，而彗星由岩石和冰构成。当彗星接近太阳时，它们的冰，也就是冻结的二氧化碳和水，会升华，从固体变成气体，离开彗星表面。离开的气体带着尘埃，形成了我们看到的美丽彗尾。

新的发现不断涌现，彗星和小行星之间的界限变得越来越模糊。有些像是小行星的球体，竟出人意料地开始看起来像彗星了，而有些小行星也可能是"死彗星"——它们的冰在绕太阳多次运行后被升华了。

人类探测器已造访过好几颗小行星和彗星。在我写这篇文章的时候，NASA 的黎明号正绕着谷神星（Ceres）运行。欧洲航天局的罗塞塔号探测器正绕着楚留莫夫-格拉西门科（Churyumov-Gerasimenko）彗星运行。2014年，日本航空航天局发射了隼鸟二号，它现在正在前往 162173 号小行星"龙宫"（Ryugu）的途中，将采集并携带表面物质样本返回。NASA也发布了首个从小行星带回样本的任务：奥西里斯-雷克斯（OSIRIS-REx）探测器将于 2016 年 9 月发射，访问 101955 号小行星"贝努"（Bennu）。①

　　小行星和彗星为太空生物提供了不可思议的机会。由于轨道的多样性，许多小行星虽然比月球难到达，但比火星要容易到达，所以它们也是宇航员离开地球探索宇宙的垫脚石。当然，研究小行星在技术上具有挑战性。小行星上可能会有大量的灰尘，而且几乎没有重力，这意味着人无法在其表面行走。正如科学家迈克尔·布施

---

① 2018 年 12 月 3 日中午 12 点 10 分，奥西里斯-雷克斯探测器抵达"贝努"，并向地球传回了该小行星的清晰图片。——译者注

（Michael Busch）向我描述的那样："你无法真的在小行星表面着陆，因为如果你尝试站起来，来自腿部的压力很可能把你再次抛离表面。你如果用力过猛，就会飞向太空……你如果使劲跳起来，得在空中绕轨道飘两个小时，才能再次着陆。但即使你接触到了表面，也不清楚随后会发生什么。"①

我对"近地小行星"这类小行星特别感兴趣。它们通常是宇宙飞船的目的地，也经常被人们作为未来载人任务的潜在目的地。近地是一个广义的概念，它意味着小行星离太阳的距离不超过1.3天文单位②。因此，许多近地小行星大部分时间都在火星轨道之外，而有些近地小行星甚至没有进入地球轨道4 000万公里（2500万英里）

① 这是迈克尔在我的博客上对我说的话。想了解更多信息，请收听 Spacepod 的 第 16 集（2016 年 10 月 25 日 ）（http://www.listentospacepod.com）。
② 天文单位（astronomical units）是天文学中计量天体之间距离的一种单位，以 A.U. 表示，其数值取地球和太阳之间的平均距离。
1A.U.=149 597 870 公里。

以内。

　　天文学家们刚刚开始绘制近地小行星的数量图，从中可以清晰地看到它们数量庞大。当我写这一章的时候，已经有 14 445 颗近地小行星被发现，而且每个月都有超过 100 颗被发现，所以当你读到这篇文章的时候，近地小行星的数量可能又增加了几千颗。

　　寻找小行星是一项具有挑战性但可以完成的任务，就像建造一座巨大的桥梁，是可以用数学知识、勤奋和逻辑解决的问题。当然，这不是一项容易的任务，但我们完全可以做到。

第二章

小行星撞地球

你会惊讶地发现，每天都有来自太空的岩石撞击地球，大多数岩石都非常小。事实上，太空岩石越大，其撞击地球的可能性就越小。让我们来快速了解一下这些撞击有多大的威力。

某天，夹杂着尘埃微粒、小石块的重约

90 000 千克（100 吨）① 的太空岩石撞向地球。这个级别的质量和体积，对于像我们人类这样的小型生物来说，似乎相当巨大，但其实它只占地球质量的 0.000000000000000001%。换个角度想，它只占到人类每天消耗的咖啡总质量的 1%。因此，科学家说它撞击地球的威力几乎可以忽略不计。

一年中有那么几次，地球会经过彗星运行的区域。彗星表面被太阳加热升温，表面的冰和冷冻的二氧化碳会转化为气体，同时带走尘埃微粒和微小的岩石。彗星身后拖着由微小岩石等稀薄物质构成的彗尾，被太阳辐射和重力推动着前

---

① 这本书里有很多数字。当一个数字以两个不同的单位标注时，我已经确保每个值代表相同数量的有效数字。你可能在高中化学中学过，有效数字是用来表达一个数值的已知程度。在这里，"100 吨"等于 90 718.5 千克。但是当你读到"大约 100 吨"时，一方面，你会觉得这不是一个精确的数值，它的实际质量可能是 110 吨或 92 吨或 103 吨。另一方面，如果你读到"每天有 90 718.5 千克的尘埃和小石块撞击地球"，你会有这样的感觉：我们知道精确的测量数据，需要精确到 0.5 千克。这是一种误导。所以我写的是："某天，夹杂着尘埃微粒、小石块，重约 90 000 千克（100 吨）的太空岩石撞击地球。"这样你就能更好地理解这些数字有多精确。

进。当地球靠近稀薄物质时，那些岩石就会在大气层中燃烧，形成被称为流星雨的美丽景观。

在我看来，流星雨最大的优点是它们并不挑剔，易于观测和欣赏。流星雨通常会持续数日，这让你在天气不好的时候可以有一些灵活性。如果你能找到一个完全黑暗的地方，你会看到很多流星；即使在大城市中，也能看到一些。有一次，在光污染严重的洛杉矶市中心，我在朋友家后院参加派对时还发现了几颗双子座流星。

如果你还没有看过流星雨，那太遗憾了。想看的话，你不需要望远镜或任何花哨的设备，只需要在一年中合适的时间段，找一个晴朗的夜晚，互联网上可以轻松查到流星雨到来的日期。约上朋友，带条毯子，准备些热巧克力（或啤酒，随你喜欢），就这么躺着。记住，不要看手机，强光的刺激会影响你的夜视力。面朝夜空，和朋友闲聊着，仰卧等待。很快你就会看到流星划过天空时，那一道道明亮的光线。

这些光线是由非常小的岩石燃烧形成的，这些岩石中的大多数和沙粒一样大，有些则和豌豆粒一样大。这些岩石相对于地球的运行速度非常快，它们撞击大气层时释放的能量 $E = 1/2\, mv^2$。

在这个等式中，m 是质量，v 是物体的速度。虽然质量（m）很小，但这些颗粒相对于地球的运行速度是每小时数万公里，所以速度（v）很快，并释放大量的能量，相当于成千上万的灯泡同时点亮。它们的亮度足以让站在地球表面的你用肉眼看得清清楚楚。想到这一点，你会觉得很神奇——因为那是远在 100 多公里（60 英里）以外的小沙粒燃烧而释放的光亮。

流星雨是美丽且无害的。但如果是更大的物体撞击地球，会发生什么？

当然，通常情况下，什么也不会发生。地球表面大部分都被海洋覆盖，因此大多数物体最终会消失在海洋某处。虽然地球上有 70 多亿人口，但仍有大片土地无人居住。不过即使如此，每隔一段时间，还是会有物体落入人口密集的地区。

1954 年 11 月的某个午后，安·霍奇斯太太决定在沙发上小憩一会儿。她住在美国南部一个安静的小镇，距离亚拉巴马州伯明翰市约一小时的车程。她刚刚躺下，盖好被子，准备入睡，就发生了不可思议的事情：一块小石头，我们称之为陨石，砸穿了屋顶，打到了收音机上，弹到了她的身旁。多亏了屋顶和毯子，她没有骨折，但在她的臀部、手部和手臂上留下了一些非常可怕的擦伤。

袭击霍奇斯太太的岩石，曾经是小行星的一部分，但它穿越大气层并落在地面上后，就成了陨石。陨石通常以被发现时的位置命名，因此这块陨石被称为锡拉科加（Sylacauga）陨石，这是位于霍奇斯太太居所附近的一个小镇。

虽然陨石没有杀死霍奇斯太太，但它引发了媒体的狂热和法律纠纷。因为落在她的房子里，所以房主霍奇斯太太宣称拥有石头的所有权。而当霍奇斯太太赢得陨石的合法所有权时，人们对它的兴趣已减弱，霍奇斯太太连买主都找不到。最终，她将陨石捐赠给了亚拉巴马州自然历史博物馆。有人推测，法律纠纷和对其名声的诋毁导致她婚姻失败，18年后，她因肾衰竭去世，享年52岁。

当然，请记住：被陨石击中是一件非常非常罕见的事情。由于这种事情在历史资料中很难查证，所以很难准确地说它是多么罕见。但霍奇斯太太肯定是唯一被击中的美国人。每隔几个月，我就会在互联网上看到一些声称有人被陨石击中或炸死的故事，但这些事件的真实性有待核实。在专家看来，陨石易于识别，通常情况下，被认为有可能是陨石的岩石，其实与地球上看起来不寻常的岩石并无两样。有时，人们将爆炸归咎于陨石，但真正引起爆炸的其实是地雷，陨石只是刚好落到发生过冲突且未清除地雷的地区。所以，有时人们更愿意将死亡归咎于缥缈的宇宙，而不愿正视眼前的原因。

这并不表示陨石是完全无害的。毕竟，袭击霍奇斯太太的锡拉科加陨石如果不是先砸穿屋顶，撞坏收音机，然后撞到被子上，肯定会给她带来更大的痛苦。那块岩石只有 3.9 千克（8.5磅），和一个小甜瓜差不多大。让我们看看更大的。

2013 年 2 月 15 日，有颗小行星即将掠过地球，科学家们已为它做好了准备。这颗被称为2012 DA$_{14}$（后来被命名为 Duende）的小行星（直径大约 30 米）会近地掠过地球，运行高度低于地球同步卫星的轨道。它已被关注和跟踪了一年，其运行轨道已由计算机运算得出，没有撞击地球的可能性。国际科学界已按计划进行观测。NASA 组织了一场新闻发布会，专家们随时准备回答任何问题。简而言之，事情都得到了解决，没有任何意外。

但太阳系并不管人类的这些计划。那天早

上，在俄罗斯车里雅宾斯克州附近发生了意料之外的事情。一颗体积较小的小行星，只有约20米（66英尺）宽，以较小的角度穿过了大气层，速度比战斗机还快10倍。因为移动速度太快，大气中的分子无法及时躲开，所以在高温的陨石表面形成了等离子层。当它离地面约38公里（23英里）时，热量和压力剧增，4秒内发生了一系列爆炸，解体成无数碎片，形成了陨石雨，还导致空气过热。

当地居民看到一个火球在上空快速飞过，亮度一度超过了太阳，并投射出自己的影子。他们的面部感受到了爆炸产生的热量，有些人还被灼伤了（由于西伯利亚冬季较长，他们的皮肤应该很白皙）。以车里雅宾斯克州为中心，这次爆炸直径约53公里（33英里），这意味着人们从看到闪光到听到爆炸并感受到冲击波，历时两分多钟。

这次事件被手机、行车记录仪（在俄罗斯很

流行）和监控器拍了下来。从科学的角度讲，这些影像资料非常宝贵，可以帮助科学家测量爆炸的亮度和小行星所经过的路径。它们在网上迅速传播开来，有位科学家甚至是通过推特才知道这件事的。

特别是一个被上传到 YouTube 的视频，让人身临其境：几个人跑到外面去拍摄火球的云迹，突然被冲击波击中，伴随着一连串的轰隆声，镜头出现扭曲，四周汽车警报声响起，窗户也碎了。

我不懂俄语，但根据视频中人们的反应，可以感受到他们当时的震惊和情绪。我很好奇，想知道他们说了些什么，所以当我得知，在加州理工学院和我们一起工作的一名暑期学生会说俄语时，我马上请她为我翻译这段视频。她立马答应了。视频里大多是生动的和无法转述的俄语咒骂，其余部分则很好懂，他们说"耳朵被震聋了"，虽然有人提到"彗星"，但另一个人惊呼

2013年，一颗小行星在俄罗斯车里雅宾斯克上空爆炸，其坠落速度比战斗机还快。这次爆炸造成人员受伤，无人员死亡，爆炸后向全球发出了低频声波。

道："开战啦！"

一块巨石在穿越大气层后幸存下来，砸穿了切巴尔库尔湖的冰面。附近的居民聚集在湖边，在《纽约时报》的一篇报道中有这样一段描述："'太可怕了，'酒吧招待博尔齐尼诺娃女士在周六的采访里说，'我们站在那里，然后有人开玩笑说，满身是血的人会随时爬出来跟你打招呼。'"

一些居民很从容地接受了这件事。《纽约时报》报道说，"一名自称季米特里的冰湖渔夫就对此事不屑一顾。'一颗流星落下而已，'他说，'所以，谁知道还有什么会从天而降。它没有击中任何人，这才是最重要的。'"

我同意季米特里的说法，没有击中任何人，这才是最重要的事情。不过，尽管无人丧生，却有数百人因被震碎的玻璃碎片而受伤，一男子失去了一根手指。天空出现一道闪光后，很多人跑到窗边看陨石留下来的云迹。不幸的是，冲击波两分钟后抵达，超过 3 600 座建筑物的窗户破损，很多人因此受伤。（所以，如果你碰巧看到天空中有一道流星的闪光，最好找一个远离窗户且安全的地方，在接下来的 5 分钟里，待在那儿别动。）

这次爆炸释放的能量巨大，以至产生了超低频声波，也称为"次声"波，传遍了全球。联合国在全球拥有 283 个次声监测站，用于监测核武器的爆炸。车里雅宾斯克的这次爆炸记录出现在其中 20 个站点（包括南极洲的一个监测站），持续了 3 天，冲击波绕地球跑了两圈。

但别忘了那天还有要掠过地球的其他小行星。在 2012 DA$_{14}$ 小行星出现前的这 15 分钟里，这位新人抢尽了风头。科学家很快确定这两个事件毫无关联。多亏了影像资料，车里雅宾斯克流星出现的方向与 2012 DA$_{14}$ 小行星完全不同。《纽约时报》的另一篇文章援引科学家艾伦·菲茨西蒙斯（Alan Fitzsimmons）的话说，"与其说这是太空奇观，不如说是宇宙巧合"。

　　值得注意的是，2012 DA$_{14}$ 似乎刚好与地球擦肩而过，科学家对其轨迹的预测是准确的，并且它没有对绕地卫星造成任何影响。但为什么我们没能预测到车里雅宾斯克流星会撞击地球呢？确实，相对小行星而言它非常小，直径只有约 20 米（66 英尺），即使在最好的观测条件下也很难被发现。更复杂的是，它从太阳的方向接近地球，位于夜间望远镜的观测盲点。

　　幸运的是没人死于车里雅宾斯克陨石。如果情况稍有不同，就会有人丧生。幸运的是，车里雅宾斯克陨石以较小的角度进入大气层，使其有更多时间被大气加热，并将爆炸力分布到更广阔的地面上。此外，该物体由相对脆弱的岩石构成，使大气更容易将其解体。

　　但并非所有的小行星都是由岩石构成的。一小部分小行星由镍和铁构成。可以想象，金属小行星造成的冲击力会更大。

大约 5 万年前，一颗镍铁小行星撞击了现在的亚利桑那州。当时这片区域还没有人居住，如果能从安全的距离观测，我敢肯定那场景会是非常壮观的。事实上，5 万年后，场景仍然是壮观的——它留下了一个宽约 1.2 公里（0.7 英里）、深约 0.2 公里（0.1 英里）的巨大陨石坑。

留下这个陨石坑的小行星直径有 45 米（150 英尺），是击中车里雅宾斯克的小行星的两倍，但是由于这次撞击是由金属小行星造成的（并且可能是以更小的角度进入大气层），所以造成的破坏要大得多。即使在今天，你也能看到那里的岩石上因爆炸的巨大力量而产生的裂缝，同时还有这次爆炸形成的巨大的深坑。

谈到小行星，在车里雅宾斯克和亚利桑那州上空爆炸的物体其实非常小，比所有已知的小行星都要小。小行星的体积越大，数量就越少，因此当你考虑更大的小行星是否会撞击地球时，其实这个可能性非常小。

像车里雅宾斯克陨石大小的物体，每隔 100 年左右就会撞击地球一次。每隔很长一段时间，就会有更大的事情发生。

当然，最有名的例子是 6 550 万年前使恐龙灭绝的小行星。那颗小行星，或许是颗彗星，直径约 10 公里。你可能很难想象它有多么大，这里有一个小技巧可以帮你理解。10 公里大约是 33 000 英尺，相当于现代客机的飞行高度，下次你坐飞机时，找一个靠窗的座位。想象有一块巨大的岩石，从地面上高耸入云，顶部刚好擦过飞机的翼梢。它很宽，飞机需要一分钟才能飞过它。而且，在撞击地球时，它的速度比飞机还快 60 倍。

这颗小行星撞击产生的影响之大令人难以想象。科学家们利用计算机模拟技术试图重现此次导致超过 75% 的动植物种灭绝的毁灭性事件，以及它产生的一系列连锁效应。但是由于时间久远，撞击的很多证据已被抹去。直到 1980

年，路易斯·阿尔瓦雷斯（Luis Alvarez）和沃尔特·阿尔瓦雷斯（Walter Alvarez)这对父子科学家才认识到其造成的巨大影响。尽管已经过去数千万年，但有两条线索仍然存在：一是墨西哥尤卡坦半岛上巨大的陨石坑，二是遍布全球的一层富含铱的沉积物。铱在地球上是一种罕见元素，但在陨石中很常见，它是小行星撞击地球留下的基本特征。

我向罗文大学古生物学家肯尼斯·拉科瓦拉（Kenneth Lacovara）请教关于含铱黏土层（又称白垩纪-古近纪边界）的情况。我说："有一些说法认为，当小行星撞击地球时，恐龙已经开始灭绝，同时火山爆发还引起气候变化。鉴于这些新的研究，你是否认为是一颗小行星造成了如此大规模的灭绝？"

"当然，"他说，"含铱层下面可以找到恐龙骨头。在它之上，什么都没有。"

如果物种灭绝这样的事发生在今天，是非常

可怕的。希望你不会被吓到失眠。上次发生这种情况时，人类还不存在，而与人类最近的祖先就是个子矮小、长毛的低等灵长类动物。重要的是，今天我们有计算机、望远镜和勤奋的小行星猎人在天空中搜索，超过 90% 的直径超过 1 000 米的小行星，在靠近地球时就会被发现，更别说大到足以引发大规模物种灭绝的行星了。小行星猎人的执着，加上这些资源和技术，要找出剩下的小行星，只是时间问题。

第三章

小行星狩猎守则

小行星狩猎守则一：在任何情况下，都不要对着太阳观测。无论是能够记录图像的目镜还是电子探测器，望远镜的工作原理是收集大量光线并将其聚焦到一个很小的地方。如果观测时离太阳太近，强大的辐射聚焦到一个小点，会损坏望远镜的内部结构。这样一来，游戏结束，一切都白费了。①

---

① 事实上，如果你想用业余望远镜观测太阳，你需要一个特殊的过滤器来阻挡 99.97% 的光线。

地球的大气层可以散射光线，甚至在太阳升上地平线之前就照亮了天空，这个时候已经无法用望远镜捕捉到小行星了，更不用说白天了，因为小行星太暗了，根本无法在白天的明亮背景下观测到。因此，不要对着太阳观测，也不要看它的附近。

这意味着，地球上的大多数望远镜只能看到有限的天空区域。地球围绕太阳公转，晨昏线把地球一分为二：一半是白天，一半是黑夜。如果要搜寻小行星，只能在夜晚进行，且只能看到地球背对太阳的一侧的太空区域。在任何时间，我们都只能看到一半天空。这意味着，要捕捉到位于地球轨道之外的小行星，需要越过晨昏线，观测远离太阳且比地球更远方向的太阳系。

目前，主要有 5 个科学家团队在搜寻小行星。这些团队的计划被称为"发现计划"。有 4 个团队使用的是位于地球的天文望远镜，他们参与的项目分别是亚利桑那州的卡特林那巡天系统（Catalina Sky Survey）[1]、夏威夷的泛星计划（Pan-STARRS）[2]、新墨西哥州的林肯近地小行星研究小组计划（LINEAR）[3]和亚利桑那州的太空监视计划（Spacewatch）[4]。（我参与的NEOWISE[5]项目，使用的是位于太空的望远镜。后面会提到更多关于NEOWISE的内容。）基于地球望远镜的项目观测的是太空中的可见光波长——它们和肉眼看到的波长相同，这意味着它们观测到的是小行星反射的太阳光。因此，为了更容易找到小行星，天文学家需要观察小行星什

---

① 卡特林那巡天计划是一个发现彗星和小行星，包括搜索近地小行星的计划，搜索可能对地球构成撞击威胁的小行星高危险群。——译者注

② 泛星计划，全称为全景巡天望远镜和快速反应系统（Panoramic Survey Telescope and Rapid Response System），是一个对全天空天体进行天文测量和光度测定的天文计划。——译者注

③ 林肯近地小行星研究小组计划（The Lincoln Near Earth Asteroid Research），是由麻省林肯理工大学主办，美国空军和美国航空航天局赞助的计划。该计划的主要目标是监视太空的人造飞行器，并发现近地小行星。——译者注

④ 太空监视计划是亚利桑那大学专门研究各种类型的小行星和彗星的计划。——译者注

⑤ NEOWISE，即近地天体宽视场红外巡天探测望远镜（Near-Earth Wide-field Infrared Survey Explorer, NEOWISE），是NASA的红外线空间望远镜，于2009年12月14日发射。——译者注

我们的生活伴随着日出、白天、日落和夜晚，日复一日，循环往复。但是从太空观察地球时，你可以看到行星的一半经历着白天，另一半经历着夜晚。日出和日落并不是完全不同的事件，随着地球的自转，这是一个持续的过程，它会横扫整个星球。这条日出日落线被称为"晨昏线"。由于在地球上使用望远镜的天文学家只能在晚上看到小行星，这意味着他们只能观测到地球轨道之外的小行星，在地球和太阳之间留下一片盲区。

天文台在夜间的观测

么时候最亮，也就是要知道什么时候它们向地球反射的光最多。像月球一样，当小行星、地球和太阳排成一线时，小行星最亮（或"完整"）。如果它们不在一条直线上，小行星的一部分将处于阴影中，就像凸月或新月，不会那么明亮。

如果望远镜在太空中，可以用些技巧让小行星更易于观测。首选就是遮阳罩。人们对遮阳罩有本能的理解——如果你朝着太阳的方向看东西，会自然而然抬起手放在额头处，挡住大部分的阳光。用手挡住光线是地球上一个很好的技巧，可以阻挡刺眼的光线，而大气和地面散射的光线可以让人看清想看的东西。

在太空中，由于没有任何地面或大气来散射光线，所以当你用遮阳板挡住太阳光时，物体会变得更暗。不过我们可以看到进入地球公转轨道之内的物体。切记，不要对着太阳观测——不要观测"遮挡区"或"禁区"。由于太空望远镜极其敏感，地球和月亮对它来说都太亮了，也要避免直接观测。

记住狩猎小行星的第一条守则，不要对着太阳观测，否则会引发令人惊讶的后果。有人可能会认为，如果有很灵敏的望远镜和聪明的天文学家（就像我们这样的），就可以在一两年内很快找到所有的小行星。也许是在某个海滩度假，一边喝着插着小伞的水果饮料，一边仰望夜空，数着星星，慢慢记录。

不幸的是，事情没有这么简单。部分原因在于，小行星就像一群孩子一样，不会在我们数它们的时候保持静止。小行星就像数十名精力充沛的小学生，他们在一片大草地上撒欢儿奔跑。场地中央有一群老师，他们想要弄清楚，有多少孩子在课间休息时间疯狂地跑来跑去。

如果老师们围成一个小圈向外看，他们可以看到整个草地。如果一位老师看见一个穿橙色衣服的女孩从他眼前跑过，就可以数出那个孩子，并告诉其他老师他数过那个穿橙色衣服的孩子了，她朝左边跑了。这样，其他老师就不会再数她，同时他们也会注意并分享他们的观察结果。通过这个过程，老师们可以在短时间内统计完人数。

然而，假设老师们旁边刚好有一棵巨大的橡树，挡住了他们的部分视野。孩子们以不同的速度跑来跑去。有些孩子跑得快，即使他们被橡树挡住了，也会很快跑进老师们的视野，方便老师们统计人数。

但是有些孩子则慢悠悠地一边摘花一边欣赏蝴蝶。当他们被树挡住时，即使是善于观察和数数的老师，也得等很长时间，直到慢悠悠的孩子们重新出现才能统计。

还好，小行星与孩子们不同，它们以简单的方式运行，可以用简洁的方程来描述其轨道。尽管许多小行星与地球在同一平面上围绕太阳公转，但小行星的运行并不局限在一个二维平面，有些小行星的运行轨道在这个平面上上下移动。

因为太阳制造了一个我们无法用望远镜看到的巨大盲区，我们就像被橡树挡住视野的老师，始终无法看到太空的全貌。因为一些小行星恰好躲到了太阳的背面，所以它们几年甚至几十年都无法被发现。正因为如此，车里雅宾斯克陨石直到撞到大气层才被发现。也正因为如此，持续几十年的小行星搜寻，今天仍在继续。

小行星狩猎守则二：共享信息。小行星猎人建立了一套系统来交流他们的发现和协调他们的观测。

假设某个天文台的天文学家认为他们发现了一颗新的小行星。他们该如何确定看到的是小行星，而不是其他什么东西？当你用望远镜搜寻你能看到的最暗的小行星时，有时望远镜的伪影会伪装成一颗划过天空的小行星。这些伪影可能是一系列宇宙射线，也可能是明亮恒星的耀斑边缘。

当然，如果它真的是一颗小行星，它会有一条可预测的运行路径。镜头耀斑和宇宙射线等伪影不会像小行星一样在恒星之间移动。如果确认是颗小行星，我们就能预测下一次能观测到它的时间，以及使用的望远镜的口径大小。只要有合适的装备，任何观测者都能在之后找到它。

有这么一小群人，他们在马萨诸塞州剑桥市的国际小行星中心工作，协调来自世界各地的小行星猎人汇总到这里的信息。小行星中心有许多功能，例如对所有观测到的彗星和小行星资料进行归档，还负责确定是何时发现了一颗新的小行星。世界各地的观测者向小行星中心发送已知小行星的观测结果和可能的新发现。他们每天需要处理大约 5 万条观测信息。

小行星中心的大部分工作是常规的例行公事。但偶尔会发生一些事情，会强调狩猎小行星守则二——共享信息的重要性。有些时候，如果你迫切需要别人的帮助，你需要先告诉他们你找到了什么。

　　蒂姆·斯帕尔（Tim Spahr）已担任小行星中心主任近 8 年。2008 年 10 月 6 日，像往常一样，他醒来后开始上午的日常工作。喝着豆奶拿铁，检查着电子邮件，等待咖啡因开始起作用。他收到了小行星中心的计算机自动发来的电子邮件，内容是关于前一天晚上卡特林那巡天计划项目的理查德·科瓦尔斯基（Richard Kowolski）发现了一颗小行星的情况汇报。几年后，因为正好看到了一杯豆奶拿铁，他（适当地）给我讲了这个故事①：

　　　　因为有些有趣的东西，所以计算机建议我看看这颗小行星的运行轨道。我查看了观测结果，计算了轨道，然后将它重新导入数据库，结果显示出的近地距离是"非数值"。

---

① 要听蒂姆·斯帕尔用他自己的话来解释这一点，请参见 Spacepod 播客第 34 集（2016 年 2 月 28 日）(http://www.listentospacepod.com)。

如果你熟悉计算机，就会知道"非数值"（not a number，NaN）这个错误。例如，用一个数字除以零，就会得到类似结果。蒂姆对小行星中心的轨道计算代码了如指掌。这个错误以前从未发生过，而且代码一直使用良好，出现这样的错误令人惊讶。

所以我就像，嗯……非数值……我真的不明白。于是我换了个计算方法，结果显示小行星与地球中心的距离是 0.000 02 天文单位。我赶紧拿出计算器，发现小行星离地球中心只有 3 000 公里了，实际上……地球的半径是 6 300 公里，所以可以肯定撞击是必然的。

天哪！我不害怕，因为我知道它体积非常小。它更像是……哇……在我的职业生涯里，永远不会发生的事情即将发生……而且即将在 12 小时之后发生。

我知道这将是疯狂而忙碌的一天，我都没时间去办公室，因为需要开车 45 分钟才能到那。我一整天都待在家，坐在电脑前，回复电子邮件和处理观测结果。

观测结果如潮水般涌入。收到撞击警告后，全球各地的观测者都开始追踪这颗小行星，并把它临时命名为 2008 TC$_3$。观测者们测量了它的位置和亮度，并将这些观测结果提交给小行星中心。在那里，蒂姆的同事加雷斯·威廉姆斯（Gareth Williams）正用这些信息来完善对这颗小行星的确切去向的预测。

加雷斯并不是唯一在计算小行星路径的人，NASA 喷气推进实验室和比萨大学的自动化系统不断确认并更新已知近地小行星的撞击风险，并在线发布结果。这些机构的科学家也在研究观测者们提交的数据。此外，还有一群人把计算小行星轨道作为业余爱好，有人在消息传开前就给蒂姆发了邮件告知即将发生的撞击。

尽管对蒂姆和他所在的半个地球而言是白天，但小行星猎人的网络遍布全球，另一半地球上的观测者可以用望远镜搜寻小行星。观测者在短短几秒内蜂拥而至，他们来自澳大利亚、俄罗斯、斯洛文尼亚、瑞士、法国、意大利、西班牙、英国、捷克共和国和德国等等。任何拥有可以看到小行星的望远镜的观测者都在寻找它。每当太阳在世界某地落山，那里的天文台就可以开始观测。最后一次观测是由约翰·J. 麦卡锡天文台进行的，这是一架由志愿者运营的望远镜，位于康涅狄格州新米尔福德一所高中校园内。

"太棒了，"蒂姆说道，"当它接近地球时，全球各地的观测者已对其进行了近800次观测。"

对小行星爱好者来说，这次观测非常令人兴奋，同时这也是一次独特而宝贵的科学机会。几个世纪以来，人们用望远镜观测小行星，并在地面上收集陨石。但在此之前，我们从未有机会观测到天空中与小行星相同的物体，更别说满怀希望地将它作为落到地面上的陨石收集起来。这是一个巨大的机会，来验证一系列小行星和陨石之间联系的理论——而在空中研究它的时间只剩下12小时。科学家们进行了仔细观察，从小行星反射的光如何随时间变化来测量其旋转，并采用特殊仪器测量小行星的颜色。

在这段时间里，蒂姆一直在回复电子邮件，加雷斯把新的观测结果汇总，并预测撞击将在何时何地发生。当时，NASA喷气推进实验室的史蒂夫·切斯利（Steve Chesley）和保罗·乔达斯（Pual Chodas）成为首先预测出撞击现场位置的人，他们预测的位置是苏丹北部的努比亚沙漠。

蒂姆告诉我："如果成功预测出撞击的位置，飞机就会提前收到该区域将受到撞击的警告。两名飞行员还目睹了大气中爆炸的景象。"

飞行员并不是唯一目击者。尽管爆炸发生在偏远地区，但从很远的地方就可以看到其亮光。

当时正值晨祷时间，苏丹北部和埃及南部的居民都看到了。

如果你想收集陨石，沙漠会是小行星撞击地球后能找到陨石的幸运之地。世界上大部分地区被水覆盖着，陨石如果落在海洋里，就无迹可寻，因为一些小行星是由矿物质构成的，会溶解于水。干燥地区是理想环境。但是，直径约为3米（10英尺）的2008 TC$_3$，在离地表37公里（23英里）的高空爆炸了。有没有岩石幸存下来，还是整个物体都蒸发了？

即使机会渺茫，也值得寻找。搜寻地外文明计划（SETI）[1]的天文学家彼得·杰尼斯肯斯（Peter Jenniskens）与穆阿维亚·沙达德（Muawia Shaddad）教授合作，并从喀土穆大学招募学生来搜寻陨石。在预测的陨石坠落的位

---

① 搜寻地外文明计划（Search for Extra Terrestrial Intelligence），致力于用射电望远镜等先进设备接收从宇宙中传来的电磁波，分析有规律的信号，希望借此发现外星文明。——译者注

置，科学家和学生并排而立，相隔一肩的距离，开始徒步穿越沙漠。沙漠如此之大，以前也从来没有人做过这样的事，他们甚至不知道自己是否找对了地方。

经过几个小时的搜索，终于成功了！他们收集到大约 4 千克（9 磅）的小陨石，只是原始小行星的一小部分。它们被命名为 Almahata Sitta，意思是"第六站"，以距离撞击现场最近的一个偏远火车站命名。这些小陨石里含有一种以前在陨石中从未发现过的脆弱岩石，是科学家们目前的研究主题。

让我们回到小行星狩猎守则二：共享信息。正是因为卡特林那巡天计划和所有其他观测者，公开且自由地分享他们的观测结果，才让追踪 2008 TC$_3$ 成为激动人心的故事，才让所有的发现变得可能。来自世界各地的科学家、工程师，还有充满奉献精神的业余爱好者都参与其中，不同的团队计算出运行轨道并共享他们的解决方案，为彼此的工作提供检查依据。多亏了互联网和小行星中心，在不到一天的时间内，一场全球性的观测活动得以组织和实施。

"这是一种很棒的合作方式，"蒂姆说，"这是一个科学社区，通过验证事物并将结果提供给所有对其感兴趣的人，科学就能得以实现。"

2008 TC$_3$ 的发现和影响对小行星猎人来说是一个巨大的全球性事件，也是一项伟大的科学成就。但大多数人从未听说过它。这是因为 2008 年 10 月还有其他事情发生。"巧合的是，那时股市崩盘，"蒂姆说，"所以它没有得到应有的关注。"

狩猎小行星守则一，"不要对着太阳观测"，意味着需要一段时间才能找到所有的小行星。守则二，"共享信息"，因为这项任务影响巨大，且可能引发的结果对任何人来说都无法独自承担。我还可以想到其他守则，例如"坚持不懈"、"反复检查你的工作"，以及《银河系漫游指南》里说的——"不要惊慌"。归根结底，发现小行星需要耐心、努力和晴朗的天空。

虽然绝大多数已知的小行星都是由专业天文学家团队发现的，但民间科学家寻找小行星的历史也很悠久。这些人不一定拥有天文学学位或 NASA 的赞助，但是他们有对太空的热情、持续的耐心，还有一台不错的望远镜。和其他人一样，他们也会遵循小行星搜寻守则，不在白天观测，共享信息，并把观测结果提交给小行星中心。

物理学原理和身处太阳系这两点让我们不得不遵循小行星狩猎守则——它们同样适用于每一个人，而且从第一颗小行星被发现的那一天起就一直如此。

·· 第四章

谷神星：第一颗小行星

18 世纪晚期，德国天文学家约翰·埃勒特·波得（Johann Elert Bode）认为，他将作为第一个发现行星的人而被载入史册。波得生活在一个欧洲人对行星科学非常感兴趣的时代。望远镜比以往任何时候都要大。开普勒的方程式描述了行星绕太阳运行的轨道，方程式战胜了以地球为中心的旧模型，并且测量出了每颗行星与太阳的平均距离。下面列出的是当时已知的行星，以及它们与太阳的平均距离，以地日距离（天文单位，即 AU）为单位。

水星	0.39
金星	0.72
地球	1.0
火星	1.5
木星	5.2
土星	9.5

注意到一个规律了吗？让我们看一下这些数字在下页图中的位置。

纵轴是对数的，这意味着 0.1 线和 1.0 线之间的距离与 1.0 线和 10 线之间的距离相同。从图中来看，除了火星和木星轨道间隔较大，好像缺少什么，其他行星都以相对均匀的方式排列。虽然现在这种排列规律很容易被注意到，但在 18 世纪初，天文学家能够注意到这个规律，还得归功于约翰·波得和另一位德国天文学家约

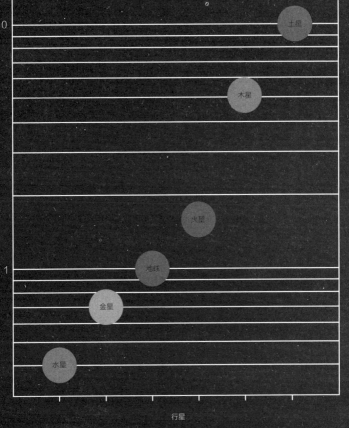

行星到太阳的距离（AU）*

10

1

水星

金星

地球

火星

木星

土星

行星

*1AU等于1.496亿公里，即从地球中心到太阳中心的平均距离。

翰·提丢斯（Johann Titus）。

这个排列规律对波得而言意义深远。作为一个有宗教信仰的人，他相信这是上帝的刻意安排，而这种数学模式就是证据。科学家们都相信，这意味着火星和木星的轨道之间必然存在其他天体，而天文学家只需要找到它。他写道："谁相信造物主会在这个空间留下空白？当然不信。"

波得使用这个定则 [1] 来预测土星以外行星的存在以及它与太阳的距离。当天王星在 1781 年被发现时，似乎就是对此的一个惊人的验证。尽管按照传统，新的天体会由其发现者命名，但波得沿用神话人物命名行星的传统，用天空之神乌拉诺斯（Uranus）来命名。[2] 行星的发现者威

---

[1] 这个定则后来被称为提丢斯−波得定则（Titius-Bode's law），简称"波得定则"，是关于太阳系中行星轨道的一个简单的几何学规则。——译者注

[2] 中文译为天王星，这个名字来自古希腊神话中的天空之神乌拉诺斯（Οὐρανός），他是克洛诺斯的父亲，宙斯的祖父。——译者注

廉·赫歇尔（William Herschel）曾想以他的赞助人乔治三世的名字将这颗行星命名为 Georgium Sidus，拉丁语意为"乔治之星"。（就个人而言，我希望"乔治"赢得胜利，有一颗叫乔治的行星，有点滑稽。但叫"乌拉诺斯"的话也很有趣。）天王星被发现后，波得更加确信有一颗行星躲藏在火星和木星之间。他准备带头去寻找它。①

然而，很明显，想要找到这颗失踪的行星，犹如大海捞针。1800 年 9 月 20 日，匈牙利天文学家、德国哥达天文台台长弗朗茨·克萨韦尔·冯·扎克男爵（Baron Franz Xaver Von Zach）率领一个由 6 名天文学家组成的小组来协调这次搜索。他们认为将天空划分为 24 个部分比较合理，因此还需要邀请另外 18 位天文

---

① 想要了解这段历史研究，请参阅 G. 福德拉·希罗（G. Fodera Serio）、A. 马纳拉（A. Manara）和 P. 西克利（P. Sicoli）合著的《小行星 III》（Giuseppe Piazzi and the Discovery of Ceres）一书。

学家加入。这支精英团队后来被称为天空警察（Himmelspolizei）。邀请函即将发给整个欧洲的天文学家。

但是，并非所有天文学家都收到了邀请函。至少有一位名为朱塞佩·皮亚齐（Giuseppe Piazzi）的天文学家就从未收到。不过没关系，因为他正忙着用意大利巴勒莫天文台定制的望远镜，绘制一幅非常精确的星空地图。为了制作这张星图，他已连续三晚测绘同一片星空。1801年1月1日，他一如既往地观测。1月2日，他发现一颗星星略有移动。到1月3日晚上，它再次移动了。他发现了一些新东西。

从他写的信中可以看出，皮亚齐知道他似乎找到了波得正在寻找的新行星。我想他一定欣喜若狂。但是一向谨慎的皮亚齐在报告他的发现时措辞谨慎，甚至在给他信任的朋友、意大利天文学家巴尔纳巴·奥里亚尼（Barnaba Oriani）写信时，也是如此："我认为这颗星星是彗星，不过由于它缺乏星云，运动缓慢且均匀，我猜测它可能是比彗星更好的东西。但是，我暂时绝对不会公开宣布这个猜想。一旦有更多的观测数据，我就会试着计算出它的 [轨道]。"

我们现在知道，皮亚齐看到的并不是天文学家希望找到的新行星。但他的猜测是正确的，那是比彗星更好的东西。他发现了第一颗小行星。

但是，由于缺乏轨道计算数据，在他没有确认之前，皮亚齐向世界隐瞒了他的新发现。他决定冒个险，于是写信给波得："1 月 1 日，我在金牛座发现了一颗彗星……如果其他天文学家已经观测到它，请告诉我，这样我就不需要计算它的轨道了……"

看这字里行间，我想知道皮亚齐是不是因为轨道计算而气馁了。在某种程度上，他希望有人抢先发现这颗行星，从而减轻他的压力。

波得则与皮亚齐形成了鲜明对比，他无法抑制自己的激动情绪。他不受任何缺乏自信心的束缚，主动向全世界宣布，发现了一颗新行星。令人惊讶的是，他甚至把这个天体命名为"朱诺"（Juno）。（他的先发制人的命名策略在天王星上是成功的，为什么不再试一次呢？）弗朗茨·克萨韦尔·冯·扎克作为天空警察的领导者（更不用说皮亚齐从未收到邀请函），把这颗小行星命名为"赫拉"（Hera）。

皮亚齐也有权利为它命名。他选择了"克瑞斯·斐迪南"（Ceres Ferdinandea）这个名字，"克瑞斯"是为了纪念西西里岛的守护神，而"斐迪南"是为了感谢他的赞助人斐迪南国王。德国的天文学家已经给这颗小行星起了其他名字，皮亚齐的朋友奥里亚尼向他传达了这个坏消息。皮亚齐回信说："如果德国人认为他们有权命名别人发现的天体，那他们可以用喜欢的方式称呼我的新星。至于我，我将永远保留它的名字 Cerere

（Ceres）①，如果您和您的同事也能用这个名字，我将非常感激。"

我认为这个回应已经非常客气。如果我发现了一颗行星，其他人不仅公开宣布它的存在，还为它命名，那么我的回应可能不适合印在这样一本老少咸宜的书里。

（德国人最终改变了主意，但并非毫无怨气。冯·扎克还写信给奥里亚尼，他似乎一直在调解整件事："因为名字太长，我会请求皮亚齐放弃'斐迪南'，继续称它为'克瑞斯'。"）

一石激起千层浪，天文界的每个人都想要一份皮亚齐的观测结果，这样他们就可以自己观测了。但可怜的皮亚齐正在经历一段艰难时期。他每天晚上都忠实地观测他的新目标。夜复一夜，观测目标很容易追踪——它朝同一方向移动，且每晚不会大幅度移动。但在几周时间里，谷神星

---

① 皮亚齐将 Ceres 写成了 Cerere。克瑞斯（Ceres），中文名为谷神星，是罗马神话中主管农业和丰收的神。——译者注

和地球在围绕太阳公转时是相对移动的，这导致谷神星每晚出现在天空中的时间越来越早。不可避免地，它开始出现在离日落很近的地方，因为光线太强，它很难被观测到。皮亚齐遇到了小行星狩猎守则一：别对着太阳观测。

皮亚齐知道观测到了关键时刻。如果观测结果足够好，从理论上讲，他就可以计算出谷神星的轨道，并准确预测它在天空中再次出现的位置。但是，由于过度疲劳，当他发现谷神星不见踪影后就病倒了。

皮亚齐康复后，勇敢地尝试计算轨道，但数学对他来说是个挑战，计算一直无果。他多次写信给奥里亚尼求助，寻求更多方程式和解释方法。在向世界公布观测结果之前，他迫切想要自己计算出这条轨道，因为有了轨道就可以证实他的发现，从而增加是他首先发现的这个事实的分量。但来自其他天文学家的压力越来越大（小行星狩猎守则二：分享你的观测结果），每个人都渴望亲眼观测到这颗新行星。

不是每个人都很友好。英国皇家天文学家内维尔·马斯基林（Nevil Maskelyne）在历史上就是一个浑蛋。〔如果你读过达娃·索贝尔（Dava Sobel）的《经度》（*Longitude*）一书，你可能还记得马斯基林是约翰·哈里森（John Harrison）的死敌。〕那时，马斯基林写了一段很难听的话：

> 重磅天文新闻：在巴勒莫两西西里王国的天文学家皮亚齐先生，在今年年初发现了一颗新行星，他如此贪婪，以至将这美味的食物保留了 6 个星期，并因为吝啬而受到了疾病的惩罚……

由于无法计算出轨道，皮亚齐最终屈服并分享了他的观测结果，这些观测结果很快就被传开了。其他人也试图计算轨道，但遭遇了同样的挫折。如果皮亚齐知道自己不是唯一计算不出轨道的人，他一定会松一口气。谷神星消失几个月后，尽管欧洲各地的天文学家都在搜寻，却一无所获。沮丧的冯·扎克向皮亚齐的朋友奥里亚尼抱怨："有些天文学家开始怀疑这颗行星是否真的存在……无法想象，像皮亚齐这样经验丰富的观测者……怎么可能会犯这样的错误。"

公众的怀疑验证了皮亚齐的担忧，因为他的观测结果在某种程度上是有缺陷的。事实证明，无法预测谷神星的轨道并不是皮亚齐的错。当时所使用的方法是假设行星在圆形轨道上绕太阳运行，而实际上它们是在椭圆形的特定几何路径上运行。这些特殊的椭圆近乎圆形，所以按照近似圆形计算通常是十分可靠的，但在没有计算机或计算器的情况下，想解决这个问题十分具有挑战性。然而，这个方法以及其他现有的方法，都无法预测谷神星的运行轨迹，而且阻止了天文学家再次发现它。

幸运的是，一个诚实而善良的数学天才出

现了，他认为这个问题很有趣。当时 24 岁的卡尔·弗里德里希·高斯（Carl Friedrich Gauss）将注意力转向预测谷神星可能会出现的地方。考虑到椭圆轨道以及地球和谷神星相对于太阳的运动轨迹，高斯建立了一个复杂的方程式，然后用各种近似方法求解，其中一些是他当场发明的［包括快速傅立叶变换（fast Fourier transform）。如果你知道这是什么，说明你了解得已经很深入了。如果你不知道，只要知道它被国际电气与电子工程师协会（IEEE）的期刊《科学与工程计算》（Computing in Science & Engineering）评为"20 世纪十大算法"之一就够了，因为它对"20 世纪科学与工程的发展和实践产生了影响"］。基于这个新的数学方程式和皮亚齐的观察（实际上非常出色），高斯预测了谷神星再次出现的位置。1801 年 12 月 7 日，也就是差不多整整一年后，冯·扎克男爵利用这些新的预测再次观测到了谷神星——尽管一开始他并不知道这就是谷神星。

通过天文望远镜观测，谷神星与其他星星并无两样。在过去的 200 年里，区分恒星和小行星的方法没有发生太大变化——观测一片星空，过一会儿再观测这片星空，看看你所认为的小行星的位置相对于其他星星是否发生了变化。受当时天文望远镜的限制，这意味着冯·扎克需要在两个晚上观测同一片星空。

但是天公不作美，连续几周都是阴天，冯·扎克无法完成他所需要的第二次观测。12 月 18 日，他再次写信向奥里亚尼抱怨：

> 克瑞斯·斐迪南到底发生了什么事？法国和德国同样没有任何发现。人们不禁开始怀疑：怀疑论者已经开始拿它开玩笑了。魔鬼皮亚齐都干了些什么？

1801 年 12 月 31 日，天空终于晴朗，冯·扎克进行了第二次观测，重新观测到了谷神星。两天后，另一位德国天文学家海因里希·威廉·马蒂亚斯·奥尔贝斯（Heinrich Wilhelm Matthias Olbers）也观测到了它。多亏了高斯优秀的数学解决方案，谷神星终于被找到了，皮亚齐的好名声也得到了维护。

然而，越来越明显的是，这颗新的"行星"有些不太对劲。它没有应有的亮度，这意味着它比其他行星要小得多。再次发现谷神星的三个月后，奥尔贝斯在火星和木星之间发现了另一颗"行星"，取名为"帕拉斯（Pallas）"[①]。

发现天王星的威廉·赫歇尔开始怀疑谷神星和智神星不是行星或彗星，而是新天体。他提出了"小行星（astriod）"这个名字，希腊语意为"类星"，因为除了会移动，它们在望远镜里看起来和别的星星一模一样。这没有让皮亚齐感到高兴，他认为赫歇尔降低了他的发现的价值。但随

---

① 帕拉斯：智慧女神雅典娜，中文名为"智神星"。——译者注

着时间的推移，其他几颗小行星的发现更加验证了赫歇尔的理论，它们的确属于一个新的类别。

正是因为有这样一个新的分类，波得、冯·扎克和天空警察在火星和木星之间一直没找到他们想找的行星。也很容易理解，为什么皮亚齐认为把谷神星认定为小行星而不是行星降低了它的重要性。他无法预测小行星的数量，也无法预测它们在科学上的重要性。

但事实证明，谷神星很特别。它是太阳系中最大的小行星，直径超过 900 公里（560 英里）。在我写这篇文章的时候，NASA 的"黎明"号探测器正绕着它运行、拍摄照片和进行科学测量。事实上，虽然许多人称它为小行星，但它也被认为是一颗"矮行星"，因为它具有类似行星的特征，例如有足够的重力使它呈现为一个球体。

这带来了一个有趣的观点：将事物进行分类这一人类实践，有时是随意的，但会产生意想不到的结果。将谷神星分类为小行星而不是行星，对许多天文学家来说似乎不那么重要，或许也不那么值得研究。今天，凭借"黎明"号探测器传回的图片，我们知道谷神星是一个独特的世界，它拥有迷人的地质结构和化学成分，不仅是围绕太阳运行的物体，而且是一个可以参观的地方。

但无论你如何分类，谷神星的发现都是一件大事，这是第一颗小行星，表明太阳系不仅仅有行星、卫星和彗星。尽管 200 年过去了，科技也一直在进步，但今天的小行星猎人依然非常熟悉这个谷神星被发现的故事。就像小行星狩猎守则提到的一样，有些事情一直没有改变，比如，需要进行多次观测来确定小行星的轨道，需要面对在夜空中找不到观测对象的挑战，以及需要国际合作来共同追踪这些小行星。

第五章

小行星猎人

20 世纪初,技术进步带来了更大更好的望远镜。现在,你只要把望远镜对准夜空,就会发现一颗新的小行星。令人惊讶的是,这些新发现已不再令人兴奋。有了新发现之后,天文学家就觉得有义务计算这颗小行星的轨道。然而,即使有记录下来的运算过程(感谢高斯),还是会有大量计算和些许痛苦。更糟糕的是,这会分散天文学家的注意力,使得他们没有精力进行其他研究。

天文学家埃德蒙·韦斯（Edmund Weiss）为此非常恼火，他称小行星为"天空中的害虫"。美国天文学家、牧师乔尔·哈斯廷斯·梅特卡夫（Joel Hastings Metcalf）稍微礼貌一点，1912年，他说："以前在太阳系发现新成员被誉为对知识的贡献，最近这几乎被认为是犯罪。"

两次世界大战延缓了小行星和其他形式天文研究的发展，但到了20世纪60年代，人们对天文学重新燃起了兴趣。天文学家查尔斯·科瓦尔（Charles Kowal）回忆说："年轻的天文学家想要了解小行星（也许这让他们的教授很懊恼）……最重要的是，他们了解到研究小行星非常令人兴奋！"

新一代科学家以全新的眼光，在这些小小的星体中看到了潜力，而不是麻烦。科学家们第一次联合起来，开始进行专门的观测项目，以捕捉这些物体。现代最早的观测小行星项目之一是帕洛玛-莱顿巡天计划（Palomar-Leiden），于

1960 年至 1977 年进行，使用了两台望远镜，分别位于加利福尼亚的帕洛玛天文台和荷兰的莱顿天文台。由荷兰的科内利斯·范豪滕（Corneils Van Houten）和英格丽德·范豪滕（Ingrid Van Houten）夫妻团队以及帕洛玛的汤姆·赫雷尔斯（Tom Gehrels）领导的研究小组，一共发现了 4 620 颗小行星和彗星。大约在同一时间，另一个夫妻团队尼古拉·切尔内赫（Nikolai Chernykh）和柳德米拉·切尔内赫（Lyudmila Chernykh）在乌克兰的克里米亚天体物理观测台发现了数百颗小行星。1973 年，埃莉诺·格洛·海林（Eleanor Glo Helin）和尤金·休梅克（Eugene Shoemaker）创立了"帕洛玛行星穿越小行星调查"项目。

这些项目使用的是玻璃底板或胶片对天空观测成像。现在已经没有多少人记得用这种方式找到小行星是什么感觉了。还记得在第三章"小行星狩猎守则"中出现过的蒂姆·斯帕尔吗？他还在亚利桑那大学读书时，就开始搜寻小行星了。20 世纪 90 年代初，他与同学卡尔·赫根罗瑟（Carl Hergenrother）以及学院赞助人斯蒂芬·M. 拉森（Stephen M. Larson）一起开展了"毕格罗巡天调查"（Bigelow Sky Survey）。一天早上，蒂姆给我讲述了这个过程。

蒂姆和卡尔使用的是柯达公司的 T-MAX 400 胶卷。这是一种特殊的胶卷，以其敏感性而受到天文学家的青睐。为了找到更多小行星，需要在太阳升起之前拍摄尽可能多的照片，所以以曝光时间越短越好。使用柯达 T-MAX 400 胶卷，蒂姆和卡尔每张胶片仅需要 6~10 分钟的曝光时间。

胶片需要提前在暗室中按尺寸裁剪好，然后放入望远镜上一个特殊不透光的盒子里。必须移动望远镜才能装入胶片。尽管望远镜有一个枢轴，但因为它是一个由玻璃和金属组成的笨重装置，所以安装胶片不是一件容易的事。蒂姆把移动望远镜比作推动一辆挂着空挡的大众兔子

（Volkswagen Rabbit，小型汽车）。装入胶片后，蒂姆或卡尔把望远镜推（更准确地说是旋转）向天空。

然后他们必须把望远镜精确地对准天空的正确位置。今天，通过计算机指令，机器人可以控制望远镜，使其精确地指向目标。但是当时蒂姆和卡尔只能依靠"导航星"，尤其是明亮的星星来找到他们想要观测的那片星空。蒂姆告诉我，多次操作之后，"卡尔和我已经不再需要导航星星图，我们已经把那片星空记下来了"。

一旦找到正确的观测区域，他们就固定望远镜并把胶片的盖子取下来。但还不能松口气。随着地球转动，星星似乎也在缓慢移动。因此曝光期间，望远镜会自动移动来跟踪星星。但是望远镜的跟踪系统并不完美，为了拍摄更加清晰的图像，卡尔和蒂姆会使用一个小的引导望远镜，连接到大望远镜上，好在曝光期间跟踪导航星。通过稍微调整大望远镜，使特定的星星始终位于引导望远镜的发光准线中间，就能得到清晰的图像。当然，这项任务和其他任务一样，并不容易。蒂姆回忆说，有一根松动的电线连接着电路，照亮了十字准线，每隔一段时间，他们就会把眼睛放在目镜上，眉骨就会感受到强烈的震动。他补充说："有一次我都被震得僵住了。"

在6~10分钟的曝光后，他们会把胶片盖上，把望远镜转回来，取下旧胶片，换上新的。为了拍摄更大片的星空图像，需要不断重复这个过程，并在稍后查看是否有星星移动了。

卡尔和蒂姆轮流观察并冲洗这些胶片。他们自己动手，把胶片浸泡在一系列化学物质中。然后，他们会尽快把冲洗好的胶片装入一种叫作立体显微镜的专用设备中，以寻找小行星。

立体显微镜像人类大脑一样，模拟眼睛看到物体的方式。这架显微镜可以同时容纳两张胶片，它们是在不同时间拍摄的同一片星空。恒星之间不会相对运动，它们会出现在同一平面的两幅图像中。但是在观测者看来，那些移动的小行星就像是浮在恒星平面的前方或后方一点。

蒂姆解释说，以这种方式发现一颗小行星，"会让你的肾上腺素激增，这是你在生活中用其他方式都无法实现的"。尽管不受环境影响地发现一颗小行星很有趣，但当小行星像是想要被你发现一样突然跳到你面前时，这种方法就显得有其特别之处。蒂姆说，直到今天，当看到两盏路灯恰好排成一排，与他曾经寻找的小行星遥相呼应时，他偶尔会感到一阵兴奋。

但在胶片中寻找小行星是一个缓慢的过程，每一小部分都必须有条不紊地搜索。蒂姆告诉我，几周之后，"我们已经筋疲力尽，睡眠不足，脾气暴躁。但这也是我们一生中最有趣的事情"。①

---

① 蒂姆还回忆说，在这段时间里，他得了丛集性头痛。这种难以形容的剧烈疼痛使他白天无法入睡。在一次观测结束时，因为严重缺乏睡眠，他甚至产生了幻觉。

小行星与恒星的唯一区别在于小行星会移动，因此小行星猎人需要拍摄几张同一片星空的照片，才能发现在恒星之间移动的小行星。

从远处看，小行星像光点。但近距离看时会发现，每一个小行星都有独特的形状和表面。

连续几个晚上追踪观测同一颗小行星，可以让天文学家精确地测量它围绕太阳的运行轨道。

与此同时，一项新技术得到了越来越广泛的应用，即电荷耦合器件（charge-coupled device，简称CCD），该技术也应用于数码相机。CCD为搜寻小行星提供了更多希望。它比胶片更敏感，这意味着你花在曝光上的时间更少，每晚可以获得更多的图像。它也不需要化学物质冲洗，这进一步节约了时间。而且，由于图像是数字的，可以通过计算机扫描寻找小行星，从而省去了用立体显微镜一寸一寸检查胶片那既令人兴奋但又累人的过程。

通往CCD的道路并不平坦。鲍勃·麦克米兰（Bob McMillan）是太空监视计划的负责人，1980年汤姆·赫雷尔斯创立该项目时，鲍勃还是一名年轻科学家。太空监视计划是第一个使用CCD的项目。早期的CCD很小，拍摄的星空范围远远小于胶片拍摄的，而且CCD没有像今天这样精美的包装，而是直接以裸芯片交付使用。其他的一切，比如芯片的安装、与计算机的连接、解释输出的软件，都必须从零开始。

鲍勃回忆起那些自己动手的日子时说：

> 当我们第一次指派工程师开发 CCD 相机时，他参观了喷气推进实验室，吉姆·韦斯特法尔（Jim Westphal）在那里正做着同样的工作。吉姆用半球形不锈钢意大利面碗作为真空外壳来冷却电子产品。我们的工程师认为那些碗太贵了，就用了半加仑大小的锡咖啡罐（也用于真空包装）来代替相机。我们实验室的架子上仍然放着这台相机。它需要用干冰冷却，场面非常凌乱。

20 世纪 80 年代，CCD 技术日趋成熟。更大的芯片出现了，可以观测到更大片的星空。随着加载文件的系统和软件变得更加标准，其他人开始追随太空监视计划开辟的道路。到 90 年代早期，CCD 已变得非常高效并超越了胶片。蒂姆和卡尔成为最后一批使用胶片捕捉小行星的天文学家。

最早使用 CCD 技术的项目之一，是由格洛·海林领导的近地小行星追踪（NEAT）计划。蒂姆和卡尔疯狂地工作，发现了数十颗小行星，而近地小行星追踪计划用很短的时间就发现了数百颗。

格洛创立近地小行星追踪计划的部分原因是她担心小行星的潜在危害。在在线故事档案网站上，她称小行星为"小强盗"，"如果你愿意的话，它们偶尔会袭击我们"。

当她和她的团队发现越来越多的小行星时，他们想到了小行星撞击地球的可能性。当近地小行星追踪计划第一次发现一颗小行星时，对它的去向通常会有很大的不确定性。格洛回忆说："我所有的同事都强调，我们将有足够的时间（为一颗危险的小行星）做准备。作为一名观测者，我曾亲身经历过对小行星与地球碰撞的轨道的早期计算。我想我已经感觉有点接近那种可能性了，在我们得到更多的数据之前，我不得不熬过那些紧张的时刻，有时甚至是几天。"

事实证明，NEAT 发现的每颗小行星都在远离地球的轨道上。当然，格洛当时并不知道这一点，而在碰撞的可能性被排除之前那段不确定的不安时光，促使格洛继续搜寻。

太空监视计划的创始人汤姆·赫雷尔斯也有类似的感受。在 1984 年《人物》杂志的一次采访中，当被问及小行星与地球碰撞的可能性时，他说："那该死的东西可能就在太空某处。"①

今天，狩猎小行星的探测项目都在使用 CCD 技术。小行星追踪计划已不再运行，但太空监视计划仍在继续。此外还有从地球轨道进行

① 汤姆·赫雷尔斯出生于荷兰，青少年时期曾作为荷兰抵抗运动的一员与纳粹分子作战。之后，作为一名美国天文学家，他这样看待危险的小行星："众所周知，当一个国家内部遇到麻烦时，转移注意力的最佳方式就是寻找外部敌人。这么做，可以让各国团结起来，尤其是俄罗斯和美国。我有一种预感，这将是人类历史上的一个转折点。"

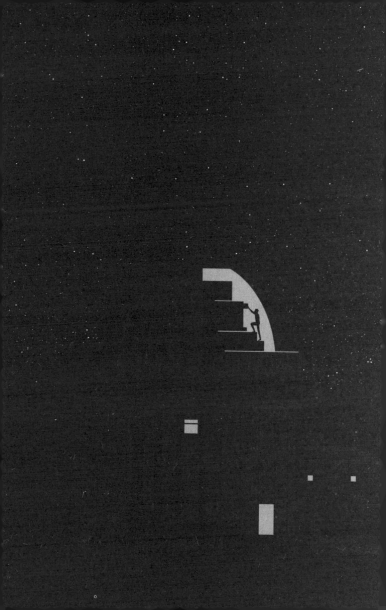

的巡天项目，如卡特林那巡天计划、泛星计划、林肯近地小行星研究小组计划和 NEOWISE 计划。你可能会发现所有这些调查都是由美国主导的。尽管研究和观测小行星的国际科学家团体十分活跃，但超过 95% 的近地小行星是由 NASA 资助的调查发现的。

一天早上，我与卡特林那巡天计划负责人埃里克·克里斯滕森（Eric Christensen）进行了一次谈话，他告诉了我他的团队是如何寻找小行星的。

每天晚上，当天空晴朗时，两名卡特林那巡天计划的观测员会在亚利桑那州图森市外的圣卡特林那山（该项目名称的由来）里操作两台独立的望远镜。随着他们的操作，望远镜的高度不断增加，景观从仙人掌和沙漠变为黄松林，温度也下降了约 17 摄氏度（30 华氏度）。环境的变化如此剧烈，以至生物学家将这些山脉称为"天空岛屿"——森林生态系统彼此隔绝，被干燥炎热的沙漠隔开。

"这是我最喜欢的工作之一，"埃里克告诉我，"我总是喜欢待在山上。"他说在夏天观测感觉尤其美妙，因为观测时可以避开43摄氏度（110华氏度）的高温。由于卡特林那巡天计划只有大约10个人，其中一半是天文学家，因此负责人偶尔也有机会观测一下。

有两个观测站点：卡特林那站和莱蒙山（Mt. Lemmon）站。卡特林那站的天文台于1963年由亚利桑那大学的月球和行星实验室（Lunar and Planetary Laboratory）建立。它是为了各种天文目的而建立的，不仅仅是为了寻找小行星。莱蒙山站最初是空军雷达监测基地网络的一部分，1956年至1970年间，它是数百人的家，有三座雷达塔，一个发电厂，一个营房，一个食堂，甚至还有一条双道保龄球馆。

今天，这里安静多了。一些原有的建筑物被

保留了下来，变成了教室、供观测员白天休息的宿舍和工作人员的住所。

埃里克形容这些设施有"冷战的感觉"。

　　建筑物被涂成了灰绿色，里面的设备可以追溯到那个时代或更早的年代。目前使用的望远镜年代较早，建于20世纪70年代，为了完成目前的任务，已经进行了翻新。它不是最现代的……却是最实用的。这是一个美丽的地方，风景迷人。

到了晚上，除了转动望远镜观测不同区域的星空时发出的机械的嘎吱声，这里非常安静。观测员独自在加热控制室工作。在山上，安静和与世隔绝的环境有时让观测更像是露营旅行，而不是太空探索。

"我亲眼见过山猫、野火鸡、鹿、臭鼬、蝙

蝠，甚至还有一只黑熊，离天文台只有几百码远。"埃里克告诉我。其他观测员还看到过美洲狮，其中一名观测员还惊讶地发现控制室里有一只臭鼬和他做伴。

"显而易见，观测员设法保持冷静，想把它赶到前厅，以为它会从开着的门跑出去。但几分钟后，他听到身后的沙沙声，臭鼬已经找到了进入控制室的另一条路。建筑质量有些'质朴'，所以它可能在其中一块墙板上发现了一个洞。"观测员决定收工，并离开了现场。该站点的观测工作只好暂停下来，大家花了好几天时间才抓住臭鼬并把它重新安置好。

卡特林那的天文学家经验丰富，他们清楚地知道在特定的夜晚该用望远镜观测哪片星空。卡特林那的望远镜很适合寻找小行星，因为它们可以同时看到大片星空，视野比大多数望远镜都宽阔。

典型的观测模式如下：望远镜指向一片夜

空，聚光 30 秒以形成图像；把望远镜对准别处，拍摄更多图像；大约 15 分钟后回到第一片夜空并拍摄另一张照片。重复这一过程，直到拍摄完成同一片夜空在四个不同时间里的图像。

埃里克称这是一部"低分辨率电影"，一小时内只拍摄四帧。由于小行星的运动很明显，如果图像里有一颗小行星，它肯定会在恒星之间移动。观测使用软件来扫描图像以寻找小行星。在整个观测过程中，观测员都在森林里，检查软件的输出并查看图像。

"做调整，解决问题，这是一个忙碌而有趣的夜晚，"埃里克说，"而且观测小行星总能让你立刻获得满足感，这是其他类型的观测无法给予的。在获取数据几分钟后，你就可以看到一颗潜在的近地小行星。当你发现它时，你就是第一个看到来自那颗小行星的光子的人。"

埃里克解释说，接下来"狩猎开始了"。有了新发现之后，需要在几个晚上连续进行观测，这样才能准确计算出小行星在未来数年的运行轨道。卡特林那巡天计划的天文学家"跟进"发现的小行星，密切关注它们接下来几个晚上的行进路线，直到可以精确地确定轨道。轨道是每颗小行星唯一的标识符，计算轨道可以让你知道小行星以前是否被发现过。

观测员经常可以在后续图像中发现更多新的小行星。埃里克说："我们在跟踪彗星时发现了近地小行星，追踪近地小行星时发现了彗星。宇宙中充满了这些未知天体。我不想描述得过于浪漫，但你会在你搜寻的地方找到你想要的东西。你不去寻找，就不会发现。对令人惊讶的发现保持开放的心态会得到回报。"

在晴朗的夜晚，观测员可以找到5~10颗近地小行星，相机更新换代之后，这个数字可能很快将增加到30。卡特林那巡天计划名声大噪，除了每年发现数百颗近地小行星，还因为它是唯一在两颗体积相对较小的小行星撞击地球之前就发现了它们的机构，其中包括在苏丹北部爆炸的小行星 2008 TC$_3$。

埃里克不会忘记近地小行星可能造成的危险。"小行星可能会直接影响我们的生活或文明。"埃里克说，"但我不想纠结于此，我认为这是一个小的统计风险，而不是直接的个人风险。"

这也是今天大多数小行星猎人的态度——我们知道寻找小行星是一项需要完成的重要工作。我们是现代的天空警察。多亏了以前的天文学家所做的工作，使我们对太空中的天体有了更多的了解，而且风险看起来比 30 年前的要小一些。我们也知道，从统计学上来说，小行星并不在致人死亡的十大原因之列。我们更有可能死于心脏病、车祸，甚至流感。

寻找小行星的实用价值吸引了许多小行星猎人，包括我。小行星在天文学中占有独特的地位——它们将宇宙与平凡结合在一起。有些小行星是数百万公里之外的天体，但你可以把它的一部分拿在手里，比如陨石。从科学角度讲，它们是太阳系早期的遗迹，令人着迷，虽然了解它们对回答我们从何而来这个大问题只起很小的作用，但由于小行星可能造成的危害，了解这些天体对我们是具有实用价值的。

而且，正如鲍勃·麦克米兰告诉我的那样，寻找小行星还有其他好处。"最美妙的时刻是当我结束观测后，在晨曦中走出天文台，看到黎明前的天空中渐变的美丽色彩，有时还与明亮的星星和行星交相辉映。在完成了几个晚上艰辛的观测之后，这是一个很好的奖励。"

第六章

NEOWISE：我最爱的望远镜

大多数小行星猎人使用的望远镜只对肉眼可见光敏感，但是有一架小行星探测望远镜可以观测到不同类型的光。这架望远镜叫作NEOWISE，这是我的最爱。作为科学家团队的一员，我用它来寻找和研究小行星。

NEOWISE 可以通过热红外线观测天空，这意味着它可以看到热量。要理解它是如何工作的，需要知道所有温暖的东西都会发光。你可能见过熔化的玻璃或金属发出的红光，它们非常热，在可见光波段也能发出红光。其实，事实证明，温度较低的东西也会发光，但是在红外波段，人眼是看不到的。如果用红外线观察周围的环境，你会发现周围的一切都在发光。

因此，当 NEOWISE 发现一颗小行星时，它是通过探测到小行星发出的热量而发现它的。这给了 NEOWISE 一个关键优势，有些小行星表面像煤一样暗，几乎不反射光线，这使它们很难在可见光波段被发现。但因为所有小行星都受到太阳的热辐射，能在红外波段发光，所以 NEOWISE 可以探测到它们。

用红外线观测小行星的另一个好处是可以测量它的体积。如果在可见光下观测小行星，无法分辨它是一个小而明亮的天体，还是大而暗的天体，因为它们都能反射相同数量的光。

然而，小行星散发的热量随其体积大小而变化，体积越大，散发的热量就越多。因此，通过 NEOWISE，可以测量小行星的大小。似乎我们关注小行星的第一件事就是它的体积大小，但大多数小行星的大小我们是无法确定的，因为绝大多数小行星尚未被红外线探测到。多亏了NEOWISE 和其他红外望远镜，我们已估算出每五颗小行星中一颗的尺寸。

红外线非常适合用于研究小行星。那么为什么 NEOWISE 是唯一的全时红外望远镜呢？

建造一个红外望远镜并不容易，部分原因是地球上的一切，包括望远镜，都足够温暖，可以发出红外线。如果望远镜也发出明亮的光，那么遥远的、温暖的小行星微弱的光芒就很难被看到。为了防止这种情况发生，天文学家不得不将红外望远镜保持在低温环境下，使其光芒变暗。

此外，还有地球大气层的问题。虽然大气层对呼吸很好，但对天文学家来说却非常烦人，因为它会阻挡一些红外波到达地面。

为了解决以上问题，天文学家将望远镜装在巨大的火箭的顶部，随着火箭的发射进入太空，就是现在的 NEOWISE，在太空中，远离地球。

使用离地的太空望远镜有许多优点。太空温度较低，可以防止望远镜本身发光；太空位于大气层之上，所以没有任何恼人的生命分子、尘埃等阻挡 NEOWISE 观测宇宙；天空总是晴朗的，没有讨厌的乌云挡道；最重要的是，没有太阳光！NEOWISE 的轨道设计使望远镜始终远离太阳（小行星狩猎守则一），因此，对于它而言，宇宙总是夜晚，能一直观测。

成功建造和运行太空望远镜需要一大群人的艰辛努力。尽管今天 NEOWISE 只有少数全职科学家使用，但数百人甚至上千人参与了它的构思、设计和建造，还有数十人仍在负责日常运营。项目的每个部分，如传感器的设计或数据的处理，都需要高度专业化的团队以及确保所有团队都能有效沟通的管理者。

讲述单个航天器背后的故事本身就能写满一本书。因为通过太空望远镜获得的数据来之不易，所以科学家处理起来格外谨慎。经过处理和存档，全球科学界都可以轻松访问和使用这些数据。

截至我写作本章时，NEOWISE 仍是一个全职搜寻小行星的太空望远镜。有意思的是，NEOWISE 设计之初并不是为了搜寻小行星，而是为了研究低温恒星和观测明亮星系。设计运行时间为 6 个月，在加州大学洛杉矶分校教授、天文学家内德·怀特（Ned Wright）的领导下，完美地完成了工作。[1]

但是，天文学家看到了这个小型太空机器人更大的潜力，并向美国宇航局提交了一份用它来搜寻小行星的提案。该提案获得批准，NEOWISE 的运行时间得以延长。6 年之后，它就像一辆值得信赖的二手车，仍在运行。用于冷

---

[1] 最初，它被称为 WISE，即宽视场红外太空探测器。此次任务的小行星搜寻部分被称为近地天体（Near-Earth Object）WISE，简称 NEOWISE。WISE 在开始全职搜寻小行星时被改名为 NEOWISE。

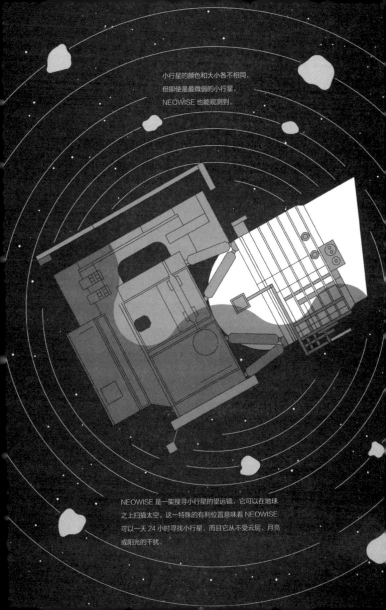

小行星的颜色和大小各不相同，
但即使是最微弱的小行星，
NEOWISE 也能观测到。

NEOWISE 是一架搜寻小行星的望远镜，它可以在地球
之上扫描太空。这一特殊的有利位置意味着 NEOWISE
可以一天 24 小时寻找小行星，而且它从不受云层、月亮
或阳光的干扰。

却传感器的冷冻剂早已耗尽，所以我们开玩笑说空调已经坏了。NEOWISE 在其设计寿命期间运行了多年，里程表累计运行已超过 10 亿公里。它拍摄了数百万张图像，并发现了数十万颗小行星。

搜寻小行星是令人兴奋的。但在许多方面，它就像我想象中的奶牛养殖场一样，是一份需要不断承担责任的工作。奶牛每天都需要挤奶和喂养，它们不关心天气是否糟糕，是否是节假日，或者你是否生病了。奶牛需要照顾。

像奶牛一样，小行星也不关心天气是否糟糕，是否是假期，你是否生病了。NEOWISE 是一个机器人，所以它也不在乎。它每 11 秒拍摄一张天空的照片。每天，NEOWISE 需要一些时间将数据传回地球。数据从 NEOWISE 发送到中继卫星网络，再传送到新墨西哥州白沙的望远镜。然后白沙地面接收中心将数据发送到我工作的加利福尼亚州帕萨迪纳市加州理工学院的红外处理分析中心。

　　超级计算机每周对数据进行三次分析，以发现小行星和彗星。每天天空中的每颗星星对于彼此都保持在相同的位置。但是，日复一日，小行星会在静止的恒星之间移动。我们的软件非常擅长发现小行星和彗星。如果一个移动的天体恰好出现在先前发现的小行星或彗星的预测位置，软件会收集这些观测数据，然后提交给小行星中心。

　　但是，如果它找到的移动的天体并非已知天体，它就会为观测人员收集图像。尽管技术取得了巨大进步，但人类的眼睛和大脑仍然是判断一组候选图像是真正的小行星还是一些伪像（如宇宙射线）的主要力量。所以，每个团队成员每周都要进行三次检查，看看超级计算机发现了什么。

　　通常这是一项有趣甚至轻松的任务，你可以

边听音乐边做检查。但这项工作对时间要求很严格。如果我们发现新的小行星，会立即向小行星中心报告，这样其他天文学家就能在那天晚上找到它。与奶牛不同，小行星的脖子上没有铃铛，因此在看清它要去哪里之前，我们不希望它偏离轨道。

我们观测的图像可能和你想象的很不一样。大多数人想到太空望远镜拍摄的图像时，脑海里出现的都是哈勃望远镜拍摄的壮丽景象。不要误解我的意思——组合、处理之后，NEOWISE 图像也会令人惊叹。[1]

但令人惊叹的图片不能帮助我们搜寻小行星。从天文学角度来看，小行星非常小，而且非常遥远。所以，就像在皮亚齐时代一样，小行星

---

[1] 艺术家兼业余天文学家朱迪·施密特（Jude Schmidt）很擅长处理图像，她处理过的图片令人惊叹。你可以在 https://www.flickr.com/photos/geckzilla/ 上看到她的作品。

在图像中看起来和其他星星一样，这意味着它们，甚至谷神星，在图片中都是光点。

我们希望在每张图片中都尽可能找出小行星。因此，计算机在搜索小行星时，能识别出它能找到的最微弱的光点。当我们看到计算机发现的小行星图片时，实际上是查看较大图像的一小部分。计算机放大并裁剪出了它认为小行星存在的位置，生成一个像素化的灰度正方形，中间有一块明亮的像素块，只比周围的稍微亮一点。

无论望远镜多么神奇，这就是新发现的小行星的样子——因为我们总是想找到望远镜能够观测到的最暗的小行星。像所有天文学家一样，我们希望从图像中挤出最后一个数据。

因此，寻找小行星与其说是盯着一张美丽的彩色照片，不如说是看一张超声波图。有没有怀孕的朋友给你看过分辨率只有几个像素的孕早期胎儿的超声波图？你看了又看，但整个图看起来像一张黑白噪声图。她指着什么让你看，但你并不知道她对哪个黑点感到兴奋。这有点尴尬，所以你只能礼貌地点头并恭喜她。

我和朋友们一起看到了一张小行星的图片，直到那一刻，人类才知道它的存在。"它就在这儿！"我说，"我们找到了一颗新的小行星！"

"哪里？"他们问道。

"在那里！看到那个小黑点了吗？"

他们礼貌地点头："很好。祝贺！"

我清楚地记得我们发现的一颗小行星。2014年春天，我与同事乔·马塞罗（Joe Masiero）坐在加州理工学院的共用办公室里。办公室看起来和科学家使用的许多有点杂乱的空间一样，墙上贴着旧的会议海报，两块白板上写满了数字和方程式，上面还用大大的字写着："不要擦掉。"天花板和墙壁上垂下来的飘带是几个月前庆祝生日时留下来的。

我们两个人正在检查超级计算机的输出结果，我们知道 NEOWISE 的其他科学家在他们的办公室也是如此。"真有趣！"乔让我过去。

这是一颗新的小行星，但我们发现这颗小行星有点特别。首先，它比我们发现的大多数小行星更亮。有一些小行星非常暗，我们得小心翼翼地等待，直到另一位观测者发现它，我们才能确信有了新发现。然而，这颗小行星不是这样的，它明亮而真实。还有就是它在天空中的位置非常靠南。大多数小行星倾向于在与地球相同的平面上绕太阳公转，而这颗小行星有些偏离轨道（技术术语是"倾斜"）。

这颗新的小行星临时编号为 2014 HQ$_{124}$，这种类型的编号会被分配给新发现的对象。（经过足够长时间的观察后，它会得到一个编号，我们也就可以给它命名了。）下一步是获得更多的观测数据，就可以准确计算出它在太空中的路径。与卡特琳娜巡天系统中观测员可以选择望远镜指向的位置不同，NEOWISE 有固定的扫描模式，而且需要地面的望远镜进行下一步观测。

我们向小行星中心报告了观测结果，澳大利亚南部和新西兰的天文学家也发现了它，并向小行星中心报告了他们的观测结果。随着对 2014 HQ$_{124}$ 观测的积累，观测员很快就确定它将近距离接近地球。事实上，距离将达到 120 万公里（750 000 英里）以内，这大约是地球与月球之间距离的 3 倍。

现在，像这样的近距离接触已经比较常见，而且发现的小行星越多，我们意识到这样的近地接触也会越多。每一次都是近距离观测小行星的绝好机会，科学界都动员了起来。通过 NEOWISE 的数据，我们能够测量它的大小，大约 300 米（1 000 英尺）。举个例子，如果把 2014 HQ$_{124}$ 放在巴黎市中心，它将与埃菲尔铁塔一样高（而且更宽）。还有天文学家使用特殊仪器来测量它在不同波长下反射的光的数量。这种称为光谱学的技术可以帮助天文学家识别小行星表面的矿物质。

这也为另一项独特技术——星际雷达——提供了绝好的机会。系好安全带，朋友们，这很酷！你可能对军用雷达很熟悉，技术人员会发射无线电波脉冲，然后监测它们的反射波。如果有些弹回来，就知道它们遇到了物体，比如导弹。通过它们的反射波，可以知道导弹在哪里，速度有多快。

事实证明，可以对小行星做同样的事情。但是，正如你所想的，使用任何普通雷达装置都无法做到这一点，你需要一个功率极大的无线电发射器和一个特别大的接收盘。

幸运的是，世界上有一些天文台可以做这项工作，其中一个是位于波多黎各的阿雷西博（Arecibo）。这是一个巨大的白色射电望远镜，位于丛林中央的一个大的天然洼地中。它是世界上最大的望远镜之一，直径305米（1 000英尺）。① 另一个是位于加利福尼亚州沙漠的一组大型射电望远镜，叫戈德斯通（Goldstone，又译为"金石"）。它们没有阿雷西博那么大，但仍然相当大，这些望远镜的优势在于它们可以旋转，可以观测到更广阔的太空。

因为依赖于探测物体的反射波，所以雷达探测小行星的能力取决于小行星的大小以及与地球的距离。雷达信号在传播中会衰减，离地球越远，信号越弱。较大的物体可以反射更多信号，因此即使距离较远也能被探测到。例如，雷达已被用于研究木星的卫星——欧罗巴（Europa，中译名"木卫二"）。虽然这取决于地球和木星的相对位置，但是无线电波需要一个多小时才能到达欧罗巴并反射回来。

体积较小的小行星除非离地球很近，否则不足以产生我们能在地球上探测到的回声。（天

---

① 2020 年 12 月 1 日，阿雷西博望远镜所有方美国国家科学基金会确认，阿雷西博望远镜的平台坍塌，望远镜很可能已不能再使用。——编者注

文学对"相当接近"的定义是几百万公里或英里。）小行星离地球越近，回声就越强，我们从中获得的信息就越多。雷达天文学家兰斯·本纳（Lance Benner）喜欢这样表述这项技术的功能：雷达可以探测到远在月球上的高尔夫球。

用雷达观测小行星，需要知道小行星的确切位置。与一次可以看到大片天空的 NEOWISE 或卡特林那的望远镜不同，无线电波束必须是聚焦的。在 2014 HQ$_{124}$ 接近地球的前几个月，NEOWISE 就发现了它，因此有足够的时间获取观测数据并预测小行星的位置，以便让雷达天文学家精确地用无线电波束捕捉它。

2014 HQ$_{124}$ 也提出了一项特殊的挑战，它距离地球如此之近，无线电波从小行星反射回来只需要 9 秒。望远镜可以快速地在发射和接收模式之间切换，但天文学家知道，如果他们使用两根天线来观察它，一根用于发送，另一根用于接收无线电波，就可以得到更好的数据。

幸运的是，雷达天文学家掌握了一项聪明的技术：使用两台射电望远镜。喷气推进实验室天文学家玛琳娜·布罗佐维克（Marina Brozovic）和兰斯·本纳协调了戈德斯通无线电波的传输，而阿雷西博天文学家迈克尔·诺兰（Michael Nolan）和帕特里克·泰勒（Patrick Taylor）用他们的望远镜"收听"小行星反射的回声。

这是阿雷西博的新数据采集设备的第一次测试，它运行得很好。拍摄的图像的分辨率为 3.75 米，并显示了保龄球形小行星表面的凹地和一块巨石。

2014 HQ_{124} 小行星在我心中占有特殊的位置，因为我见证了它从被发现到近距离接近地球的整个过程，我相信会再次在天空中看到它。虽然它对我来说很特别，但它并不是唯一独特的小行星。有成千上万颗这么大的小行星，其中一颗接近地球并不罕见。毕竟，还有很多小行星有待发现。

NEOWISE 在小行星调查中是独一无二的，它可以通过红外线来观测，并从地球轨道的有利位置看到整个天空。这些特性使天文学家能够利用 NEOWISE 数据来回答一个非常重要的问题：到底有多少颗小行星？

这是一个令人困惑的问题。如果我们没有找到所有的小行星，我们怎么可能知道还有多少颗小行星没有被发现呢？我们怎么知道我们不知道的呢？为了找到答案，我们求助于天文学家用来回答各种问题的一种聪明方法：去偏差。

正如你从名字中猜到的，这种方法的关键在于消除偏差。可见光望远镜倾向于探测那些表面光亮、反射大量光线的小行星。地面望远镜的偏差在于它们只能观测望远镜上方的星空，并且只有天气晴朗时才能观测。许多地方在一年中的某段时间天空多云，例如，北方的冬季风暴或亚利桑那州的夏季季风。由于季节性风暴，你会很有规律地错过太阳系的某些部分。每当满月时，月光会阻挡我们发现最暗的小行星。

然而，NEOWISE处在一个独特的位置，没有这些偏差。它的红外传感器能看到热量，所以小行星的明暗度不影响观测；它的运行轨道可以每6个月看到一次整个天空；它的枢轴可以避开月光，而且太空里没有云。这是一个理想的实验。

为了确定还有多少颗小行星有待发现，NEOWISE团队在艾米·迈因策尔（Amy Mainzer）领导的一项研究中，对NEOWISE调查的第一部分进行了计算机模拟。他们确切地知道NEOWISE探测器的灵敏程度，并且知道了NEOWISE可以找到的最小物体。他们还知道NEOWISE拍摄的每张照片的时间和在天空中的位置。计算机精确地模拟了NEOWISE如何观测天空，以及它能看到什么。

然后，他们模拟了成千上万颗"合成"小行星，并模拟运行，统计NEOWISE能够捕捉到多少颗小行星，然后将结果与 NEOWISE 实际观测到的结果进行比较。

有人觉得这个概念有点违反直觉，那么让我们来看一个简单的例子。假设艾米合成了有一定体积和运行轨道的 15 颗小行星。她通过 NEOWISE 模拟运行这些小行星，发现如果那里有 15 颗小行星，NEOWISE 会捕捉到 10 颗。然后，她研究了 NEOWISE 观测到的同样大小和轨道类型的小行星的实际数量。假设 NEOWISE 实际观测到 12 颗小行星。她重新调整模拟。也许这次她合成模拟了 18 颗同类型的小行星，并再次运行模拟。这次，模拟显示 NEOWISE 探测到 12 颗小行星。答对了！艾米知道小行星总数为 18 颗，那么还有 6 颗同样大小和轨道类型的小行星有待发现。

当然，实际操作比这复杂得多，需要模拟更多的小行星，得出的结果才具有统计意义。但是你知道了这种方法，通过这种方法，我们现在知道了我们不知道的。许多人对近地小行星特别感兴趣，截至 2012 年该研究报告公布时，90% 以上直径大于 1 公里的小行星已被发现，但只有约 30% 直径超过 100 米的小行星被发现。我们现在知道我们还需要寻找什么了。

第七章

"玩笑因素"是否是"杞人忧天"?

1994 年，一系列学术论文结集成《彗星和小行星的危害》(*Hazards Due to Comets and Asteroids*) 一书，由汤姆·赫雷尔斯主编。正如你从书名中看到的那样，这些论文是由科学家和政策制定者撰写的，他们对小行星和彗星撞击地球产生的后果很感兴趣。20 多年后的今天，它仍然是一本引人入胜的读物。虽然许多科学问题和争论仍然存在，但它不可避免地成为那个时代的产物。阅读它就像看一部 20 世纪 90 年代的情景喜剧——你与剧中的人物产生共鸣，并因其中的笑话开怀大笑，但是当剧中有人拿出像手提箱一样大小的笔记本电脑时，你才会突然意识到时间已经过去了很久。①

书中的"透视彗星和小行星撞击的危险"一章是由喷气推进实验室的科学家保罗·韦斯曼(Paul Weissman) 撰写的。文章是这样开头的："彗星和小行星撞击地球的潜在危险是现代社会面临的一系列严重自然灾害和人为灾难之一。但是，目前只有三个因素有可能导致地球上的绝大多数人消失：撞击、核战争和艾滋病。"

当读到这句话时，我停了下来。今天，艾滋病仍然是死亡率极高的疾病，每年造成 100 多万人死亡。但在 20 世纪 90 年代初，艾滋病似乎完全是一种无法控制、无法阻止的流行病。保罗解释道：

---

① 我希望接下来的 20 年世界也是如此进步，以至这本书在 2037 年看起来已经显得很过时。

艾滋病现已在全球蔓延，大约有 1 000 万人感染了艾滋病病毒……迄今为止，开发治疗药物和疫苗的密集的医学研究仅产生了有限的效果。尽管治愈方法随时有可能出现，但目前这一疾病仍在以惊人的速度蔓延。

今天，我们的观点则完全不同，艾滋病不再等同于核战争。曾经看似无法解决的问题，现在似乎不再难以解决。在一定程度上，这归功于医学研究人员和政策制定者的辛勤工作。

之所以提到以上内容，是因为我们要记住，即使是重大而可怕的问题，也可以得到解决。在消除艾滋病之前，我们还有很长的路要走，但它已经不再具有 20 世纪 90 年代时那样的潜在破坏力。同样，小行星撞击地球也不再是我们无法控制的威胁，正如你将看到的，这实际上是一个可以解决的问题。

但是在 1994 年，保罗和当时的许多科学家一样，担心彗星或小行星撞击地球的威胁没有得到认真对待。这通常被称为"玩笑因素"或"杞人忧天"。

著名彗星科学家唐·约曼斯（Don Yeomans）2013 年在接受《鹦鹉螺》（Nautilus）杂志的采访时说："人们会笑着说，'好吧，上次撞击是什么时候？'仅仅因为没有亲眼所见，人们就不会认真对待潜在的撞击威胁。"

大多数政府官员对此也漠不关心。《彗星和小行星的危害》中的另一章① 由罗伯特·帕克（Robert Park）、洛里·加弗（Lori Garver）和特里·道森（Terry Dawson）共同撰写，他们也都参与了政策制定。他们在书中解释说："显然，华盛顿的官员并没有被选民的抱怨邮件淹没，比如，抱怨他们的亲人因小行星而丧命，或者财产

---

① 这一章的标题是《大福克斯的教训：对小行星的防御能持续下去吗？》。

被毁坏。事实上，第一次听说撞击威胁的政府官员们普遍认为，小行星撞击地球的时代在数百万或数十亿年前就结束了。"

但公众的看法迅速改变了。在保罗撰写文章到付印之间，发生了一件大事：休梅克-利维 9 号彗星（Shoemaker-Levy 9）撞击了木星。

休梅克-利维 9 号彗星于 1993 年由卡罗琳·休梅克（Carolyn Shoemaker）和尤金·休梅克夫妇（Eugene Shoemaker）以及大卫·利维（David Levy）共同发现。它从一开始就很不寻常——似乎被瓦解成了几块。进一步的观测推测出了它的运行轨道，这颗彗星已经被木星的引力捕获并在 1992 年时就被瓦解。它现在被困住了，徒劳地绕着土星旋转，预计会在 1994 年撞击木星。

木星是一颗巨大的行星，如果它是中空的，

可以容纳数百个地球大小的行星。[1] 除此之外，它还是一颗气态巨行星——外部是绵延数英里的云层。许多科学家怀疑这些相对较小的彗星碎片（直径最大 4 公里，也就是 2.5 英里）能否对木星产生任何影响。可能这颗彗星是由冰和尘埃组成的松散"雪球"，在它进入大气层之前，木星的引力就会把它瓦解；或者可能它只是砰的一声掉在木星上，像保龄球在雾中落下一样，撞击会很快平息。

不管怎样，这是一个难得的机会，每个人都想看看会发生什么。遗憾的是，这次撞击将击中木星背对地球的一侧，即使拥有望远镜的天文学家也无法直接观测到。一些聪明的业余天文学家决定在撞击期间观测木星的卫星，用结冰的表面作为镜子，希望它们能反射撞击过程中可能出现

---

[1] 如果简单地用木星的体积除以地球的体积，结果为 1 000 多。但是，地球大小的行星就像一堆大理石，它们之间充满空隙。如果把这些大理石随意倒入罐中，会占 60% 的空间。以这种随机的、非有序的方式用地球大小的行星填满一个木星大小的球体，将需要大约 800 颗地球。

的任何光点。

空间望远镜"舰队"为此次观测而集结，包括哈勃空间望远镜、伦琴X射线卫星和伽利号木星探测器，它们恰好飞往木星的运行轨道，可以观测到撞击过程。甚至旅行者2号（Voyager 2）在离开太阳系，经过木星60多亿公里（40亿英里）的时候，也被用来监听可能来自撞击的无线电波。

结果是超乎想象的。彗星的第一个碎片以每小时20多万公里的速度坠入木星大气层，形成一个火球，伽利略号捕获的峰值温度为2.4万摄氏度（4.3万华氏度）。撞击时产生如此高的温度，很难想象如果这发生在地球会是怎样一番景象。即使是氧乙炔焊炬也只有3 300摄氏度（6 000华氏度）。当随后的碎片撞击木星时，它们就像铃铛一样敲击着这颗行星，在大气中产生巨大的波，并以每小时1 600公里（1 000英里）的速度传播开来。撞击时留下的巨大黑斑持续了数月，最大的黑斑大到可以容纳地球，用家用望远镜就能观测到。

那时我还在上小学，但我记得在《洛杉矶时报》的头版上看到了哈勃空间望远镜拍摄的木星图像，还有上面那些黑色的痕迹。言外之意很明显：如果它撞上了地球会怎样呢？

因为休梅克-利维9号彗星与木星的撞击事件，人们开始认真对待撞击的威胁。但休梅克-利维9号彗星并非家喻户晓，真正家喻户晓的是1998年上映的电影《世界末日》（*Armageddon*）和《天地大冲撞》（*Deep Impact*）。这两部夏季大片的内容都是关于小行星或彗星撞击地球的。

和这些电影不能太较真，它们的目的是娱乐，而不是科普。而且很难量化电影如何影响公众对撞击威胁的认知。但我有几点怀疑。首先是时机，两部电影都是在休梅克-利维9号彗星事件之后第四年上映的。我想知道编剧们是否也看过《洛杉矶时报》，并想知道如果彗星撞击地球会发生什么。第二点怀疑是，尽管电影是虚构的，甚至有点荒谬，但当人们走出电影院时却有了全新的认识：彗星撞击地球后果严重，且完全有可能发生。

20 世纪 90 年代末公众观念的转变比任何人预料的都要快。随着小行星或彗星撞击的可能性越来越受到重视，更多的人开始考虑该如何采取措施将此类事件造成的损害降到最低。换句话说，我们该如何准备？

第一件要清楚的事情是，我们可以精确地预测这些天体的运行轨道。小行星的运行轨迹较大程度受重力影响，较小程度受阳光影响，这两种机制我们都非常了解。

我向乔恩·乔吉尼（Jon Giorgini）咨询了目前我们对近地小行星轨道的预测能力。乔恩在喷气推进实验室工作，负责管理一个名为"地平线"的系统，该系统可以跟踪太阳系中所有已知的物体。他说："如果是新发现的小行星，一般情况下，观测几个月后，只要有光学测量值，我们就可以预测它在未来 80 年的运行轨道。如果我们能获得雷达测量值，这个时间会翻 5 倍，也就是可以预测大约 400 年的运行轨道。这只是针对最近发现的天体。如果是跟踪观测多年的小行星，并且已经绕过运行轨道不止一次，那么我们就能预测它未来 800 年左右的运行轨道。"

虽然乔恩以一种漫不经心的态度陈述这些事实，却给我留下了深刻的印象。利用数学，我们可以精确地计算出这些小行星从今天到未来几百年间每一天的位置。这是我能想到的最能精确预测的事情了。到 2400 年，我们很可能已经认不出这个世界——可能有新的国家，或者根本没有国家，语言和文化都会发生变化，但乔恩对成千上万颗小行星运行的轨道的预测仍然是准确的。

我们有观察工具和计算能力来准确预测这些天体的走向。从数学角度来说，这比提前数周预测飓风的路径或地震发生的时间要简单得多。

第二件要清楚的事情是，只要有足够的预警，我们就有技术能力来转移撞击。虽然我们还没有到离家很远的地方探险，但我们仍然是太空探索物种。帕克、加弗和道森提到了 1992 年专家研讨会得出的结论："如果预警时间提前几年，现有技术可以有效应对威胁地球的小行星。"从那时起，现有的技术已取得长足进步，然而，几年甚至 10 年的预警时间仍然是必要的。

这些偏转器可以采取多种形式，使用的工具将视情况而定。一种方法是用重物撞击小行星，形成推力，使小行星进入稍微不同的运行轨道。另一种方法是发射航天器绕小行星运行，然后利用小行星和航天器之间的引力，轻轻地将小行星拉离碰撞轨道。在某些情况下，还会考虑核爆炸。实际上，核爆炸仍然是释放大量能量最有效的方法之一（稍后将详细介绍）。

由于危险的撞击是非常罕见的，因此预先建

立偏转机制并没有多大意义，更不用说建立这样的机制将是非常昂贵的。帕克、加弗和道森写道："当政府不断受到压力，要对人们认为迫在眉睫的一些危机做出反应时，指望政府对保护民众免受小概率事件伤害做出承诺是不现实的。"

我们有技术使小行星偏转轨道，但要做到这一点，我们需要时间。由于提前建造小行星偏转器是不现实的，我们需要确保有一个预警系统，可以告诉我们是否有小行星正朝我们飞来。

我们现在能做的就是搜索天空，发现尽可能多的小行星。如果在大范围搜索后很幸运地发现未来数百年没有小行星会撞击地球，那就太好了！但我们需要知道实际情况是否并非如此。

所以，好消息是，我们知道如何找到小行星且很擅长找到小行星。有三点依据：小行星路径是可预测的，我们知道如何找到它们，我们有足够的时间防止撞击。这意味着，尽管撞击似乎是最无法控制和可怕的灾难之一，然而矛盾的是，它也是最可能被准确预测和预防的。

就像所有自然灾害一样，我们对它们越了解，就越清楚地知道准备工作可以保证我们的安全。这不是什么可怕的事情，只是要有所准备。对防止撞击来说准备工作意味着持续观测太空。

由于早期发现是准备的关键所在，我们应该花点时间感谢美国一项鲜为人知的立法，即"太空卫士"（Spaceguard），它指导 NASA 于 1998 年启动了近地天体观测项目。受科学家戴维·莫里森（David Morrison）领导的一份报告的推动，国会要求在 10 年内发现至少 90% 的直径为 1 公里或更大的近地小行星。小行星调查项目的资金由此得以增加，并开始使用电荷耦合元件技术来发现大量的小行星。2005 年，小乔治·E. 布朗（George E. Brown, Jr.）的《近地天体调查法案》扩大了目标——到 2020 年找到 90% 直径为 140 米或更大的近地天体。这就是小行星猎人目前正在努力的目标。

当主要调查得到资助时，已知小行星的数量呈指数级增长。随着我们搜寻并发现越来越多的小行星，我们越来越清楚它们何时会接近地球。小行星掠过地球经常成为新闻，今天小行星已经是大家都知道的东西。"玩笑因素"消失了。正如唐·约曼斯所说："现在没有人再笑我们是杞人忧天了。"

·· 第八章

行星防御协调办公室

　　总的来说，小行星与地球之间会相安无事。今天，对于大多数人来说，真的没有理由去想这些。尽管小行星是大多数人从未见过的遥远物体，但是小行星以及它们对地球所构成的威胁，在流行文化中屡见不鲜，随处可见。"也许我不用做家庭作业了，因为一颗小行星明天可能会撞到学校。"小行星还是电影和电视节目中的情节推动者。最近，我问林德利·约翰逊（Lindley Johnson），在流行文化中，有关小行星撞击的描述，他最喜欢什么。

"电影《地球浩劫》(*Meteor*)。这部电影在 20 世纪 70 年代末上映，由肖恩·康纳利 (Sean Connery) 主演，他在片中扮演我。"

是的，林德利·约翰逊的工作不仅激发了好莱坞编剧们的想象力，也激发了电影公司让 20 世纪 70 年代的影星肖恩·康纳利饰演这个角色的灵感。林德利是 NASA 的行星防御协调办公室官员。他在 NASA 位于华盛顿特区的一幢不起眼的办公大楼里工作，管理着美国政府与近地物体（指小行星和彗星）有关的几乎所有事务。他指导资金投入调查、用于计算中心计算轨道，以及开展针对这些物体的科学研究。在美国，如果小行星狩猎是一项生意，他就是首席执行官。

作为行星防御协调官员，他领导着 NASA 行星防御协调办公室。他解释说："协调一词很重要。我们无法完成每一件事情。我们的办公室帮助协调美国政府机构的所有努力和正在进行的国际工作，以发现威胁，如果有小行星处在撞击轨道上，我们将制定应对策略。"他领导着一个与联合国和平利用外层空间委员会合作的专家小组，并在支持协调世界各地天文台的小行星预警网络方面发挥着重要作用。

显然，这个职位肩负着巨大的责任。虽然在银幕上看肖恩·康纳利扮演动作英雄很有趣，但我认为我们中很少有人希望现实工作中也有那样的压力。当我问林德利这个问题时，他以他特有的平静语调回答（无论是在国会作证还是点咖啡，他的声音听起来都是一样的）："我认为这是一项重大责任，但也不是我从事的工作中压力最大的。部分原因可能是我有参加空军训练的相关经历。我做过很多压力更大的工作，那些工作需要做出更多的即时反应。"

小行星撞击地球问题的关键是时间。如果我们能得到一些具有足够预警的东西，我们就有技术能力转移撞击。现在，通过搜索天空，我们希望能提前预警（理想情况下是提前几十年）。

但这种集中搜索的策略并没有阻止人们继续思考，如果一颗小行星正向我们飞来，我们该怎么做。

林德利告诉我，国际社会的共识是当前的技术提供了三种可行的偏转方案。

"一种是最靠谱的方法—— 撞击小行星使它偏移至其他轨道，即所谓的动力撞击偏转技术。"他说，"如果有一个足够大的撞击器，它方向正确且速度足够，撞击小行星的力度足以使小行星的速度每秒改变几毫米到几厘米，远远超过预测的撞击速度，这样就可以改变小行星到达的时间，使其掠过地球而不是撞击地球。"

这是一种简单的技术，简单到很吸引人。要使小行星偏离轨道，需要尽可能多地了解所采用的方法中的变量，以便能准确预测结果。改变小行星的速度会改变其穿过地球轨道的时间。毕竟，小行星穿过地球轨道并不意味着一定会发生碰撞。小行星必须穿过地球的轨道，而地球正好在那里。地球移动的速度非常快，大约每秒 30 公里，因此，稍微改变小行星的速度，它就会提前或延迟一点，问题就解决了。

在"深度撞击"（Deep Impact）[1] 任务期间，NASA 用撞击器击中了一颗彗星。该任务的目标是通过制造一个弹坑并搅起彗星表面物质来对其进行研究。为了做到这一点，"深度撞击"号用一个重达 372 千克（820 磅）的探测器，以每小时 37 000 公里的速度撞击彗星，这个速度比子弹还要快。

这次任务的目标并不是要改变彗星的轨道，但正如你所料，轨道确实发生了微小的变化。撞击使彗星的速度改变了约 0.000 05 毫米 / 秒。

---

[1] "深度撞击"是 NASA 的彗星探测器，设计用于研究坦普尔 1 号彗星核心的成分。该探测器于 2005 年 1 月 12 日成功发射，同年 7 月 3 日释放撞击器，并于 2005 年 7 月 4 日 5 时 44 分（格林尼治时间）成功撞击坦普尔 1 号彗星的彗核，地球在 8 分钟后接收到撞击事件发生的信息。——译者注

这么说吧，0.000 05 毫米 / 秒的速度意味着需要72 小时才能穿过 M&M 糖果的表面。①

为了理解为什么速度比子弹还要快且如此巨大的探测器，只能对彗星的速度产生这么微小的影响，我用我喜欢的大南瓜做比喻来解释这个问题。这个重达 372 千克的撞击探测器，和一个大南瓜差不多大（有趣的是，创纪录的南瓜可以重达 900 千克），而彗星大约和 3 000 亿个南瓜一样大，所以尽管撞击器速度比子弹快，但当它撞击彗星时，彗星几乎完好无损。

因此，如果我们想让小行星偏离轨道，可以发射探测器，用重物撞击小行星，但是这个重物不仅速度要非常快，质量也必须是小行星质量的相当大一部分。我们需要比南瓜更重的东西。

动力撞击器偏转技术还存在其他复杂问题。有些小行星主要是由岩石或金属构成的固体快，

---

① M&M 巧克力豆的直径是 13 毫米。我知道这一点，是因为我买了一袋，做了测量。科学有时是艰苦的工作。

有些看起来则是由灰尘、巨石和小岩石非常松散地聚集在一起。引力把它们聚在一起，但这些小物体上的重力非常微弱，大约是地球上的十万分之一（假设这个物体直径为 1 公里）。这样的小行星又被称为"碎石堆"，动力撞击器对它可能不会产生很大的冲击力，撞击的能量可能会被其内部吸收，就像保龄球扔在装满豆子的袋上一样，所以，任何偏转技术都必须针对个别小行星进行调整。因此，现在要做的就是研究小行星，这样才能知己知彼。

但是，正如林德利解释的那样，还有其他选择："另一种技术是重力拖拉机（gravity tractor）①，小行星和太空飞行器之间微小的相互引力会产生很小的影响。"

在这种情况下，飞行器被发送到小行星附近

---

① 重力拖拉机是欧美科学家研究设计的一种用于解除太空中小行星可能会撞击地球的威胁的太空飞行器。重力拖拉机的工作原理是利用万有引力定律修正天体的飞行轨道，使之不会撞向地球。——译者注

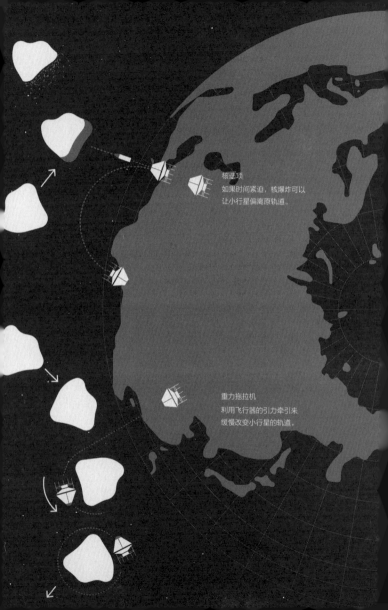

核选项
如果时间紧迫，核爆炸可以
让小行星偏离原轨道。

重力拖拉机
利用飞行器的引力牵引来
缓慢改变小行星的轨道。

动力撞击器
用重力撞击小行星
来改变其轨道。

创意想法
科学家们有很多充满创意的
方法来改变小行星的轨道，其
中一个异想天开的想法是用黑
白颜料覆盖小行星。

并开始绕着它进行不对称旋转。

"飞行器被发射到特定位置，然后朝设定的方向移动，慢慢把小行星拖离原有轨迹，使它掠过而不是撞击地球。"

这是一项优雅的技术，它是渐进的、精致的、可控的。当飞行器的微小引力拖曳小行星改变其轨道时，工程师和科学家可以仔细监测变化并做出调整。而且，更妙的是，不需要真的去碰这颗小行星，快速旋转的小行星就会以这种方式改变运行轨道。即使是一堆碎石小行星，也可以被拖曳并保持完整。

然而，这项技术的缺点是飞行器的引力非常非常小。即使我们建造的飞行器比之前都要大，这种方法也需要时间来实现，尤其是当小行星本身很大的时候。我们可以尝试在飞行器到达小行星后，通过让它抓住小行星表面大而重的岩石来增加自身重量，这种方案被称为"增强型重力拖拉机"。但这个方案在技术上具有挑战性，可能需要更多时间来设计和建造。无论哪种方式，我们都需要预警，最好能提前几十年预警。

还有第三种经过认真考虑的技术。

林德利说："我们称之为核选项，也是我们最不想动用的选项。但如果时间紧迫，特别是如果这个天体体积较大，那么人类知道的唯一可以将小行星推离撞击轨道的能量来源，就是核装置爆炸。

"就像好莱坞电影里演的那样，核爆炸不是想把小行星炸成碎片，而是通过爆炸产生的热能使小行星表面受热并蒸发，同时爆炸产生的巨大能量会在正确的时间使小行星朝着正确的方向移动，从而避免撞击。"

换句话说，炸弹是在小行星附近而不是在小行星上引爆的。爆炸的目的是给小行星一个强大的推力，而不是把它炸成一堆碎片。

核爆炸威力巨大，那场面可以拍成一部很好的电影，但我们未知的东西还有太多，因此很难预测爆炸后会发生什么，小行星表面又会发生什么变化？如果小行星旋转速度很快，就很难确定爆炸时间，在这种情况下，爆炸形成的强大推力就无法加速或减缓小行星的旋转。葡萄形状的小行星与茄子形状的小行星的反应也会不同。碎石堆小行星又会做何反应？它会分裂成几块，然后重新聚集在一起吗？紧急情况下，我们希望能够准确预测结果，而使用核爆炸技术，未知的因素比我们想要的结果更多。

以上是目前正在被认真考虑的三种方法。但小行星偏转的想法激发了一些更具创意的方法。其中一个创意是把小行星的一面涂成黑色，另一面涂成白色，这意味着小行星的两侧会以不同的方式吸收太阳光——白色的一面反射光线，黑色的一面吸收光线，加热后以红外光的形式释放光子，离开的光子会产生动能。实际上，它就像一个微小的火箭推进器，但力量太过微弱且太慢，不太可行。

人们还想过使用化学火箭推进器来移动天体，但如果小行星旋转得很快，推进器就无法正常工作。还有一项建议是使用磁性线圈的静电吸附小行星表面松散的尘埃和小岩石，就像头发粘在带静电的气球上一样。一旦飞行器收集到尘埃，就会高速将其抛回小行星，从而在小行星的表面形成一股推力。我觉得这种技术有一点诗意的正义性，很吸引人。

尽管我们所知的小行星没有一颗会撞击地球，但作为人类，专家们还是正在认真考虑我们会如何反应。最优的行动方案取决于小行星的构成成分（碎石堆或坚固的金属块）、它公转的特定路径和自转的方式（有些小行星比地球旋转慢，而有些自转一圈的时间不到一分钟），以及在撞击之前我们有多少时间做准备。确定了这些未知因素，最优的方案也必须根据具体情况进行调整。

做好准备是值得的。做好准备意味着寻找新

的小行星，并了解我们已经发现的小行星。通过发现尽可能多的小行星，可以在刚好有体积较大的天体撞向地球时尽早提供预警。同样，通过研究尽可能多的已知小行星，我们会更加了解可能需要应对的天体类型。

与此同时，由科学家和政府官员组成的国际组织也准备进行演习，像作战演习一样，使用的是一颗假想的小行星。来自世界各地的专家，包括美国联邦紧急事务管理局（FEMA）的代表也将参加演习。

我请林德利描述一下，如果有一颗直径150米（500英尺，大约和一艘游轮一样大）的小行星在10年后有可能撞击地球，那时会发生什么。

他说："要做的第一件事就是确认轨道，弄清楚它是否真的会撞击地球。"

为了确定小行星的轨道，天文学家需要尽可能多地观测小行星的位置，这需要国际合作。一些小行星只能在地球上的某一个半球看到，有可能需要赤道另一边的国家的天文学家进行跟踪。由于望远镜不能观测太阳，所以需要不同经度的观测站，这样当夜幕降临时，就可以持续监测小行星。

但即使经过数千次观测，小行星的确切位置仍然存在一些不确定性。虽然运行轨道可以被精确地预测出来，但预测出的它撞击地球的概率只是一种可能性。这和预测天气非常相似。气象学家可以看到一个风暴系统正向你所在的城市移动，但很多时候他们无法预测你的房子所处的区域是否会下雨。正如气象预报员会说有 20% 的概率会下雨，天文学家也会计算出撞击的概率。

林德利继续说："如果撞击概率很高（对多大概率算高还存在一些争论，是 1%？还是 10%？），我们必须决定什么时候采取行动完成偏转任务。

"这将是多重任务，可能涉及多个国家间的合作。这不仅需要技术上的努力，也需要建立国际联盟。我认为应对潜在的小行星撞击威胁将是人类做过的最复杂的努力。"

这是大多数人想象的场景，要归功于像《世界末日》和《天地大冲撞》这样的电影。但根据具体情况，不同的人反应可能会大不相同。我问林德利："如果一颗直径 20 米（大约便利店大小）的小行星两年后撞击地球，将会发生什么？"

"好吧，尽管车里雅宾斯克陨石在 2013 年 2 月已向我们展示它的威力是不容小觑的，但 20 米长的小行星不会造成太大的破坏。而且，我们将尽可能计算出轨道，以确定撞击时间和地点。"

如果目标击中人口密集的地区（统计上看不太可能），建议居民"就近避难"，待在室内，远离窗户。像这样的小行星可能造成的破坏力取决于它的构成成分以及它在大气中的瓦解程度。

"研究人员正努力研究小行星穿过大气层时，大气层会对它的各种成分和大小产生哪些影响。"

林德利说，"小行星的体积得有多大，才能在穿过大气层后依然有一部分被保留下来，并在地面形成撞击坑？撞击所造成的影响半径是多少？"

对于直径略大于 20 米的小行星，人们从可能被其撞击的区域撤离是最明智的做法。

"如果小行星的体积和构成成分数据都低于会造成严重危害的临界值，就不值得各国执行偏转任务。更有意义的做法是，我们可以尽可能地确定撞击地点并组织撤离。"

撤离虽不体面，但可能是保护人们免受伤害的最好方法。面对危险最明智的选择就是避开危险。

当我们想象小行星撞击地球时，脑海中会出现一个戏剧性的蒙太奇画面——世界各国的领导人一个接一个地收到通知。我想知道有情况时林德利是否会打电话给总统。

"给总统打电话是一种委婉的说法，"他说，"没有多少人有总统的电话号码。"

我有点失望。但林德利接下来所说的，是肖恩·康纳利在电影中没有表现出的部分——在一个大型官僚机构的指挥链中工作是相当乏味的。

"按照我们的汇报计划，当发现有物体会撞击地球时，我们会将这些信息上报给白宫。沟通速度与距离撞击的时间直接相关。如果预计的撞击时间是 25 年后，我们肯定不会在今晚叫醒总统告诉他这件事。如果撞击还需要几年才会发生，在上报给白宫之前，我们需要几天时间来验证这些信息。但是，如果离撞击只剩几天或几小时，这些信息就需要尽快上报给领导层，同时我们对所汇报的内容要非常肯定……这样的话，可能需要美国宇航局局长给白宫打一通电话①。"

这里需要科学与政策制定相结合。毕竟，科

① 这个"汇报计划"在 2008 TC₃ 的案例中得到了体现。乔治·W. 布什总统的新闻秘书丹娜·佩里诺指出，她在任职期间收到的一封最不寻常的电子邮件，时间为晚上 9 点 30 分，标题为"HEADS UP"（当心），邮件内容为有颗相对较小的小行星即将撞击地球，希望通过政府渠道通知苏丹政府。

学共识本身并不能改变世界，它需要人们创建、资助和管理新的行动方案。林德利认为是过去的科学家将这个问题提到了重要位置。

"如果不是上一代非常敬业的天文学家和科学家，如卡罗琳·休梅克和尤金·休梅克，埃莉诺·海琳，汤姆·赫雷尔斯和戴维·莫里森，将这个问题提请决策者注意，这个领域就不会有如此成就。

"还有现在这一代小行星猎人，你也是其中一员，把自己的整个职业生涯或者一生中的大部分时间都奉献给了监测、追踪和描述那些有朝一日可能会伤害我们的小行星……如果有直径100米到200米的物体撞击到我们没有推算出的位置，那将是我们有史以来见过的最大规模的灾难。"

林德利已在他的岗位上工作了十多年。在这段时间里，他的职务内容和责任范围明显扩大。我请他回顾一下他在 NASA 的工作。

"我不想显得太过自负，但我更多地把我的工作看作一种'为人类服务'的工作。这就是我对世界的服务。许多人致力于救援工作和慈善事业以及医疗救助。这些事情是当务之急，影响着人们的日常生活。而我有不同的技能，我在做一些我认为重要的事情，也许它的好处在未来几年都无法体现。这份工作很可能还需要下一代人来继续完成。"

我认为我的工作就像一份保险单。我们现在正在做的工作是寻找小行星，了解它们，并考虑如何移动它们，这都是在未雨绸缪，以便在发现威胁物体时可以做好准备。这项工作虽然已取得了很大进展，但还远远没有完成。我们拥有发现所有潜在危险小行星的技术。现在我们需要继续完成这项工作。

　　当你拿起这本书时，我知道你可能是在担心小行星会撞击地球。外来的、危险的、遥远的小行星在我们的文化心理中占据着特殊位置。

　　但我希望，现在，随着你对小行星是什么以及我们如何搜寻它有了清楚认识后，你会感到宽慰——小行星撞击地球不仅不可能发生，而且完全在我们的控制范围之内。当然，我们必须继续寻找，直到找到所有潜在的危险小行星。如果我们能够迅速有效地做到这一点，那么如果有物体撞向地球，我们就能争取到足够的时间进行防御。换句话说，小行星撞击将会成为人类历史上第一类可避免的自然灾害。

在发现所有潜在的危险小行星后，我们还了解到，它们实际上都在和平的轨道上运行，数百年来一直在避开地球。这太好了。当然，接下来我们需要找到别的东西来消除我们的文化中存在的焦虑（我确信我们会找到）。

除了危险，发现小行星的核心是对我们生存的环境的基本探索。

1968 年，人类第一次冒险登上月球。在接下来的 10 年里，有 24 名宇航员完成了这趟旅行。在公众心目中，这种地月穿越已成为常事，就像走一条老路一样。但空间不是静止的，小行星围绕太阳运行，每个月至少有一颗小行星比月亮还靠近地球。由于还有小行星待发现，我们还没能完成宇宙后院的星空地图的绘制，地图里的区域也随着地球、月球、小行星和彗星特定的运行轨道在不停变化。

我很高兴与 NEOWISE 团队的同事一起参与这项工作。我经常把狩猎小行星看作一个巨大的公共工程项目，一个将持续数代人的成就，一个团队合作力量的证明。

完成近地空间地图绘制将成为人类作为宇宙物种的里程碑事件。过去的地图绘制者会用"龙出没"（Here Be Dragons）来标注未探索、可能有危险的区域。现在我们的近地空间地图仍然包含未探索的领域，在黑暗的地方潜伏着危险。但我们正在绘制这些区域，用一个又一个已发现的小行星取代这些未知区域。我们可能正把这些怪物赶出近地空间，但这并不意味着没有神秘可言了。关于这些物体，我们所知甚少，而且每个物体本身都是一个未被探索过的世界。我们才刚刚开始探索。现在，在某个地方，小行星猎人正在观测天空。

·· 致　谢

　　我欠很多人一声感谢。首先，感谢我的编辑米歇尔·昆特（Michelle Quint），感谢她的指导和出色的反馈，以及 TED 系列图书的格蕾丝·鲁宾斯坦（Grace Rubenstein）和艾琳·古德曼（Ellyn Guttman）。非常感谢汤姆·里利（Tom Rielly）领导的 TED Fellow 团队，没有这些人的努力，这本书就不存在了。

　　我想对行星科学家和小行星猎人社区致以深切的谢意。他们积累了如此丰富的知识，以至我在本书中只能浅尝辄止地介绍一下。

　　衷心感谢所有接受采访的人。感谢为小行星狩猎提供资金支持的美国纳税人。感谢 NASA 总部的所有人。感谢林德利·约翰逊接受采访并就草稿提供的宝贵反馈。感谢蒂姆·斯帕尔担任了本书手稿的科学审稿人。NEOWISE 团队更是一流的同事。

　　我很感谢我的家人坚定不移地支持我。我也很感激罗伯特在我做这个项目时表现出的机智、洞察力和耐心。